"十四五"普通高等教育本科部委级规划教材

U0286079

服装立体裁剪教程

毛恩迪　王学　编著

中国纺织出版社 有限公司

内 容 提 要

立体裁剪是服装设计、制作的重要方法之一。本书根据中国现今的教学特点、学生的学习习惯以及市场对于学生专业能力的要求而编写。本书强调基础规律的阐释及灵活运用，将省的转移、连身裙、女套装上衣、礼服的立体裁剪作为重点，运用经典案例和大量实景图解操作步骤示范说明，并在每章后附有专题练习以方便教学使用。另外，本书注重服装立体裁剪板型的制作以及成衣的实现，书中详细说明了板型拓制、修改的方法和技巧，并将所有案例的实践结果的完成板附在书后便于读者参考。

本书适合高等院校服装类专业师生使用，也适合广大服装设计爱好者及从业者学习和参考。

图书在版编目（CIP）数据

服装立体裁剪教程 / 毛恩迪，王学编著. -- 北京：中国纺织出版社有限公司，2021.9

"十四五"普通高等教育本科部委级规划教材

ISBN 978-7-5180-8626-9

Ⅰ.①服… Ⅱ.①毛… ②王… Ⅲ.①立体裁剪 — 高等学校 — 教材 Ⅳ.① TS941.631

中国版本图书馆 CIP 数据核字（2021）第 108263 号

责任编辑：余莉花　　特约编辑：渠水清
责任校对：江思飞　　责任印制：王艳丽

中国纺织出版社有限公司出版发行
地址：北京市朝阳区百子湾东里 A407 号楼　邮政编码：100124
销售电话：010 — 67004422　传真：010 — 87155801
http://www.c-textilep.com
中国纺织出版社天猫旗舰店
官方微博 http://weibo.com/2119887771
三河市宏盛印务有限公司印刷　各地新华书店经销
2021 年 9 月第 1 版第 1 次印刷
开本：787×1092　1/16　印张：11
字数：135 千字　定价：59.80 元

前 言
PREFACE

　　立体裁剪是服装设计与制作的重要方法之一。与平面裁剪相比，立体裁剪具有直观、实用、适应、灵活、准确等明显优势。在立体裁剪操作过程中，操作者可以直观、真实地感受面料的特性和状态，感受服装与人体的空间关系，理解服装结构和服装款式的设计过程及结果，并可根据需要随时改变设计方案。所以绝大多数服装设计业发达的国家和地区都将立体裁剪广泛并深入地应用于定制服装和成衣的设计制作中。

　　20世纪90年代，立体裁剪才在我国服装设计高等教育教学体系中出现；21世纪初，立体裁剪在我国教学领域蓬勃发展起来；近十年间，其教材建设也取得了较好的成绩，各高校编、译的立体裁剪专业教程先后问世，为教学提供多种可选择的教材及参考资料，但还不能很好地满足国内外立体裁剪教学对于教材多样性、实用性、专业性等方面的需求。基于此原因，本书根据中国现今的教学特点、学生的学习习惯以及市场对于学生专业能力的要求而编写。本书强调基础规律的阐释及灵活运用，将衣身原型、省的转移、连衣裙、女套装上衣、礼服的立体裁剪作为重点，运用经典案例和大量实景图解操作步骤示范说明，并在每章后附有专题练习以方便教学使用。另外，本书非常注重服装立体裁剪板型的制作以及成衣的实现，书中详细说明了板型拓制、修改的方法和技巧，并将所有案例的实践结果的完成板附在书后便于读者参考。

　　本书编者长期从事服装立体裁剪、平面裁剪的高等教育教学、科研及企业相关工作，深入研究国内外立体裁剪理论及应用实践，希望此书的出版能够为国内外立体裁剪教学提供一些借鉴，并通过此书与服装业界同仁及立体裁剪爱好者交流经验。书中如有谬误，望读者不吝赐教。

毛恩迪

2021年5月20日

目 录
CONTENTS

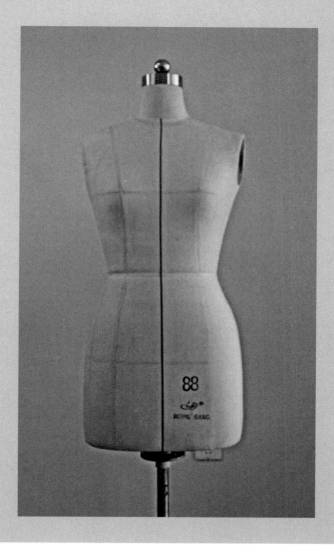

第一章 服装立体裁剪概述

主要知识点

- 服装立体裁剪概念
- 服装立体裁剪优点
- 服装立体裁剪工具
- 人台标记线黏贴
- 人台手臂制作

第一节　服装立体裁剪简介

现今，比较成熟的服装裁剪方法可以分为平面裁剪法和立体裁剪法两种。平面裁剪法是通过量体采集尺寸，使用原型法等方法制作服装样板；而服装立体裁剪，是指直接在人台或真人体上覆盖白坯或面料，将白坯或面料通过分割、折叠、抽缩、提拉等方法来完成服装款式、结构等方面的设计与制作，并最终付诸于纸样与真实服装。立体裁剪与平面裁剪的区别在于，平面裁剪是通过在纸面或面料上利用绘制规律直接绘制衣片廓型并根据廓型裁剪面料、制作服装的方法，其完全是在二维平面上完成服装款式和结构的设计与制作的，而立体裁剪则是在三维立体空间——人台或真人体上完成服装款式和结构的设计与制作的，所以与平面裁剪法相比较，立体裁剪的优势显而易见。首先，立体裁剪可以在第一时间给予观察者以真实的感官刺激，最大限度地直观呈现出设计者的设计思路；其次，立体裁剪可以最直接、准确地展示服装的构成、款式的变化以及面料的性质，其中面料特点的直观呈现对于服装设计师设计灵感的激发有突出的作用，可以帮助设计师设计出非常独到的作品——麦德琳·维奥涅特（Madeleine Vionnet）通过在人台上反复实践发现了布料斜丝的特性，设计制作出无缝线上衣等造型多样、结构奇特的时装，并且发明了斜裁方法。另外，立体裁剪可以较容易地设计和制作很多在平面上无法准确完成或很难实现的服装造型。例如，奥斯卡典礼上众多明星穿着的造型夸张、结构复杂且与身体有极佳契合性的豪华礼服——这些时装绝大部分是设计师运用立体裁剪的方法在人台和着装者身上反复设计实践的结晶。立体裁剪也不是完全没有缺陷，首先它的费用就远远高于平面裁剪，其次它需要设计师和制板师付出更多的工作时间，等等。

服装立体裁剪起源于欧洲。欧洲服装从中世纪开始以强调服装的造型性和立体性著称，通过凸现形体、强化形体、强制性改变形体特征以创造出符合特定时期审美需求的特殊形体是欧洲历史上最普遍的服饰现象，而立体裁剪法可以说是设计和制作这类服装最有效的方法。历史上，欧洲制作服装的裁缝是通过直接在穿着者身上披挂、折叠、裁剪粗坯布，并反复地试验来制作出理想的服装造型，然后他们把穿着者的旧衣服拆开，利用旧衣服的样片作为参考，修正粗坯布上的板型线并做成服装样片，最后把这些样片的轮廓线复制到真正的服装面料上，并据此裁剪制作服装，而这些粗坯布的服装样片大部分被缝制成服装的内衬、安装在服装里侧，发挥稳定造型的作用。

进入20世纪，立体裁剪法在欧美有了突飞猛进的发展，其不但可以作为欧美服装制作的主要手段，而且在服装款式、结构原创设计方面发挥出了巨大的潜力，因此很多服装设计师都愿意用立体裁剪方法进行创意性服装设计，因此很多伟大的立体裁剪作品也相继诞生。现今，我们所熟知的欧美著名设计师的高级时装发布会作品大多都是通过立体裁剪完成的；不仅服装秀上的服装使用立体裁剪方法完成，批量生产的成衣也普遍使用立体裁剪方法

完成服装局部细节的创意设计和板型的修正。

改革开放之前，我国的服装制作一直使用平面裁剪法，改革开放后，我国作为服装生产大国进入服装业的繁荣期，立体裁剪作为一种新事物通过官方、民间等途径由日本、欧美等地引入我国；在经济全球一体化和文化多元化的今天，立体裁剪法以其能够更好地满足人们对个性时装款式和精良时装板型的需求而日益为世人所重视，也成为我国服装业关注的焦点。

第二节　服装立体裁剪工具

一、人台（人体模型）

人台是立体裁剪的必备工具。它近似于人体的形状，但却不是个别人体的简单复制，而是根据立体裁剪的需要，将特定人群的身体尺寸经过科学的采集、筛选、整合、修正后，再根据这些数据制作而成的立体三维人体模型，所以特定的人台代表的是特定人群的、经过人为美化的形体特征。

人台的用途主要可以分为立体裁剪用人台、检验用人台和商场展示用人台。立体裁剪类人台又可分为带余量的人台和净尺寸人台。带余量的人台是指人台的各项尺寸已经人为加入了制作服装所需的部分松量，而非人体的净尺寸；净尺寸人台是指人台的各项尺寸指标没有加入余量。对于已经熟练掌握立体裁剪知识和技能的

专业人士来说，使用净尺寸人台可以设计出更多种类的服装，而服装与人体的空间关系在净尺寸人台上表现得也更加真实、具体。

标准人台代表的是自然的、优美的、静态的人体。但是，制作服装更应考虑人体的动态特征。通过行动中的人体体现服装的美感是服装设计师的追求，也是着装者的需要，所以在运用静止的人台进行立体裁剪时，应该时刻考虑到人体骨骼、肌肉的运动，根据人体的运动规律设计服装款式、加入适当的余量，这是使用人台的关键。

现今所用的立体裁剪用人台通常是用发泡聚苯乙烯制作内胆，外面罩上本白色或黑色的棉麻布，为了便于操作，可以将人台安装在高低可调的活动支架上。这样

的人台材料坚固，表面有弹性，容易插入大头针，且移动方便，便于我们进行立体裁剪。

人台的选择需要注意以下三点。首先，应该通过肉眼观察人台的形体是否协调，人台的正面和背面是否左右对称，特别要注意公主线是否对称，从正、背、侧三面观察颈、肩、胸、腰、臀等部位是否曲线、曲面流畅，肩的倾斜度是否合理，肩胛骨、锁骨、胯骨、背阔肌、腹肌是否明确，是否符合优美人体的自然体态特征，布面是否光洁平整、弹性均匀，缝合线是否直顺。其次，应该通过三围、背长、肩宽和背宽的测量确定人台的型号是否与其尺寸一一对应，还可以通过测量数据定量地判断此人台的比例是否正确而优美，余量设置是否均匀、合理；而且是否配备稳固、垂直、活动自如的支架也是挑选人台时特别需要注意的。另外，建议初学者使用本白色麻布作为罩布的人台，因为这种颜色的人台与人体的肤色接近，更利于使用者掌握人体比例尺寸和服装与人体的关系。

二、白坯布

立体裁剪可以使用真实的面料，也可以使用与真实面料相仿的白坯布。使用白坯布代替真实面料进行立体裁剪操作，然后再根据立体裁剪确定的样板裁剪真实面料，这样可以帮助我们节省面料成本，也可以帮助我们在进行立体裁剪操作时更容易分辨布丝方向、进行标识点的标注、整形等。由于纯棉的白坯布容易熨烫和立裁操作，所以立体裁剪使用的白坯布一般是上了浆的纯棉布。

立体裁剪使用的白坯布一般分为五种：超薄白坯布（代替柔软轻薄的真实面料）、薄坯布（代替普通厚度、柔软度和垂度的面料）、厚坯布（具有一定的厚度、硬度及悬垂性，通常代替套装用面料或熨烫整理好的面料）、粗坯布（代替大衣面料）、特种白坯（通常作为初学者、教学及科学研究使用，是一种经过熨烫整理、经纬线每隔10cm插入特殊颜色丝线的白坯布）。

在立体裁剪操作过程中，白坯布的选择原则是尽量与真实面料在厚度、柔软度、悬垂性方面近似，且利用立体裁剪操作。

需要特别注意的是，立体裁剪所使用的白坯布在坯布成衣组装之前，所有的熨烫过程都不建议使用喷雾，因为上了浆的白坯布经过喷雾熨烫会变得硬挺，改变了白坯布本身的质感，也难以再拉伸、归拔处理。

三、剪刀

立体裁剪所用的裁布剪刀以重量轻、刀锋快、尖头为宜。裁布剪刀需要使用者悬空把持，而且运动方向和轨迹非常多样，所以以上特点可以节省操作者的腕力、便于使用者操作、保证裁剪线条准确和流畅。建议使用者选用比平面裁剪常用的剪刀稍小一些的、塑料剪把的剪刀进行立体裁剪练习。

进行立体裁剪还需要准备一把剪纸用的文具剪刀。操作者应尽量做到剪纸、剪布的剪刀分开、独立使用，以保护剪布剪刀的刀刃。另外，一把小巧、轻质、锋利、尖头的小剪刀也是立体裁剪的好帮手，可以用它剪剪口和修正袖窿等细小部位。

四、标记带

立体裁剪最好使用具有较好黏性的黏胶带作为标记带，它主要用于黏贴人台标记线和坯布上的结构线、款式线和标记点等。我国常见的专业标记带主要是从日本进口的立体裁剪用标记带，它具有颜色和宽窄多样、黏性好、弹性适中等优点，虽然价格较高，但可多次使用。如果专业标记带不易获得，也可暂时用即时贴或丝带代替。

五、立裁用大头针和针插

立裁用的大头针虽然与文具大头针近似，但不建议使用文具大头针或珠针代替。立裁用大头针选用优质不锈钢制成，比文具大头针细、长、弹性好、不易锈蚀，是保证立体裁剪练习效果和作品质量的重要因素。珠针的弹性明显劣于立裁用大头别针，而尾部的珠子也会在立体裁剪操作中造成误差，扰乱使用者的视线，影响组装后的服装外观。

针插是存储立裁用大头针的实用工具，通常是半球形的，布面、底部坚硬、内附填充物。针插市面有售，但也可以自己制作，但一定要选用不能被大头针穿透的硬卡片制作手腕处的衬板，以保证手腕的安全。

六、标记笔

标记笔用于立体裁剪拓板前白坯上标记线和点的标注。建议初学者使用自动铅笔作为标记笔。

七、裁剪用皮软尺

用于测量款式整体及局部尺寸，特别适用于有弧度部位。

八、熨烫工具

准备家用熨斗、熨烫台。

九、制板用具

白纸、直尺、曲线板、铅笔、橡皮、滚轮、复写纸等。

十、其他辅助工具

缝纫针、缝纫线、膨胶棉、垫肩等（图1-1）。

第三节　人台标记线设计

贴附人台标记线和白坯布的整理是立体裁剪实践前必不可少的两项准备工作。

在贴附标记线的同时，我们还要对人台进行定量分析——测量人台的基本尺寸，并填写表1-1中的信息（此表格在以后的立体裁剪学习中会一直用到，是我们了解人台、检验标记线贴附正确与否、设计服装余量的好工具）。

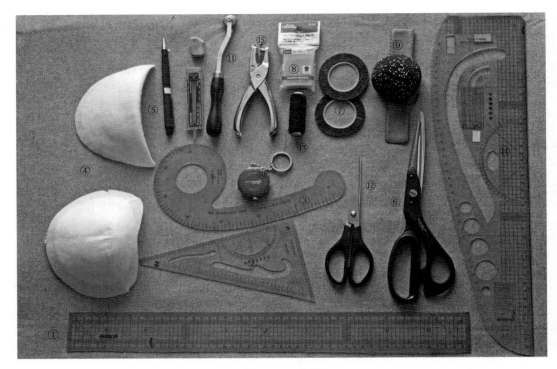

图1-1　工具图

①直尺　②三角板（比例尺）③六字尺　④垫肩　⑤标记笔　⑥剪刀　⑦标记带　⑧立裁用针　⑨针插　⑩皮尺　⑪滚轮　⑫小剪刀　⑬针线　⑭刀尺　⑮打孔器

表1-1　人台尺寸信息表　　　　　　　　　　　　　　　　单位：cm

项目	围度	半围度	前后差	人台余量	标准尺寸	余量参考值
胸围						
腰围						
臀围						
背长						
a =	b =					

注：a为人台前中心线上胸围至腰围的距离；b为腰围至臀围的距离。

　　需要说明的是：围度是人台特定横截面一圈的长度；半围度是人台特定横截面半圈的长度，从前中心线水平测量到后中心线；前后差是在半围度的基础上测得的，是前中心线到侧缝之间的长度和后中心线到侧缝之间的长度差；人台余量是围度和标准尺寸之差（详细计算方法见下面

范例）；标准尺寸是标准人体的三围净尺寸，可以从服装号型表中查得；余量参考值是为了满足服装的机能性在服装围度上加入的最小余量，例如胸围、腰围、臀围通常选取10cm、6cm、4cm作为余量参考值。

　　人台余量计算范例：比如计算胸围余量，满足人体正常运动的胸围最小余

量是10cm，人台本身含有一部分余量X，那么，我们设计的服装胸围一围还需加入（$10-X$）cm的最小余量，而半围需要加入$[(10-X)/2]$cm的最小余量，所以在进行立体裁剪时，所做的半件衣服其前、后片各需增加$\{[(10-X)/2]/2\}$cm的余量。腰围和臀围的相应数值也可同理计算获得。

在贴附人台标记线前要先调整好人台。首先将人台摆放在平坦、宽敞的地面上，以便使用者在一定距离之外从前、后、侧各个方向观察人台，保证人台处于稳定状态，然后调节人台支架使人台垂直于地面，并使人台的颈部处在使用者的水平视线高度。

黏贴人台上的标记线是学习立体裁剪的第一个实践环节，它帮助学习者了解人台的三维结构，理解静态人台和动态人体的区别与联系，锻炼学习者双手的灵活性、眼睛的观察能力和眼手的配合能力。

1. 黏体标记线注意事项

（1）在黏贴标记线之前，操作者应从前、后、侧等各个方向观察人台，不时改变与人台的观测距离，确定标记线的大概位置后进行黏贴，黏贴完毕后再通过以上观察方法确定标记线黏贴的正确与否，如需小幅改动，可以用大头针把应改动的地方轻轻挑起进行修正，如改动幅度较大，建议把整条标记线撕下重新黏贴。

（2）在黏贴胸围、腰围、臀围等围度标记线时，要保证围度线首尾连接顺畅并保持整条围度线所围成的平面呈水平状态；应特别注意从人台侧面观察各围度所处的水平面位置，并把这一角度的观察结果作为重要的黏贴依据。

（3）立体裁剪作品如果是左右不对称结构，需要在人台上制作整件服装，如果是左右对称结构，只需做出一半服装即可，且根据操作习惯，通常是制作人台的右半部分服装，所以人台围度线可以黏贴一周，也可以黏贴人台四分之三周，保证人台右半面黏贴完整，而公主线、垂直辅助线等标记线可以只黏贴人台的右半面。

（4）因为人台在前后中心线、肩线、领围线、侧缝线、腰围线附近有表布缝合线或细带，而对于初学者来说，黏贴人台标记线最易被这些线、带影响，所以在黏贴前后中心线、肩线、领围线、侧缝线、腰围线时要从人台的整体出发，视觉上忽视缝合线和腰部细带，正确黏贴标记线。

2. 人台标记线的黏贴步骤

人台各标记线之间存在着密切的关系，例如胸围线、腰围线、臀围线三线平行，且都与前后中心线垂直，所以建议按照如下步骤黏贴人台标记线，并时时检验标记线与标记线之间的平行、垂直等关系，以保证每条标记线都能按顺序正确黏贴。

（1）前中心线：从人台颈部前中心位置开始，垂直黏贴至人台底端，如图1-2所示。

（2）后中心线：从人台颈部后中心位置开始，垂直黏贴至人台底端，如图1-3所示。

（3）腰围线：腰围线是指人台腰部最细位置的围度线。黏贴时，黏贴者应做半蹲姿势，目光水平、直视人台腰部，从前、中、侧三个方向寻找到人台腰部最细位置后，从右至左黏贴腰围线一周。黏贴时，注意腰围线应与地面平行，并与前后中心线垂直，如图1-4所示。

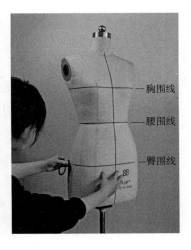

| 图1-2　前中线 | 图1-3　后中线 | 图1-4　三围线 |

（4）胸围线：（胸围线贴至人台正面时要放松一些，因为两乳之间的标记线容易绷紧而从人台上弹起）用皮尺从人台侧颈点开始量至胸部最高处区域，在长度24～24.5cm（这个尺寸适用于9A人台，但在7A人台上也较适用）范围内观察胸部形状，选择此区域内最高点为胸围线上的一个参考点，根据此点黏贴人台胸围线，保证胸围线水平。因为正常人体和标准人台的胸部顶点常常低于胸围线——观察人体和人台的前侧面可以很容易验证这一点，而且人台后侧的背阔肌对胸围的影响也很大，所以建议操作者利用以下便捷的方法找到人台胸围线的正确位置：标记带黏贴完毕后，在黏贴线上下水平测量人台围度，检验此围度线是否为人台胸部的最大围度线，如果不是，微调黏贴线至最大围度线处，如图1-4所示。

（5）臀围线：臀围线应该处于腰围线以下20cm左右范围内，所以在确定腰围线黏贴无误后，用皮尺顺着前中心线测量，在腰围线以下约20cm处，从前、后、侧及前侧、后侧几个方向观察人台，找到人台下体最丰满处，并水平黏贴一周，如图1-4所示。

（6）领围线：以腰围线与后中心线的交点为起点，沿后中心线向上测量一个背长的距离，以终点为参考点，再根据人台颈部结构确定人台后颈点的位置，从后颈点开始黏贴领围线，保证起始处有2～3cm长的领围线与后中心线垂直，如图1-5所示，然后顺着人台背、颈部向前黏贴，贴至侧颈点，顺势再贴至人台前领窝，接着黏贴完成领围线的另外半部分，如图1-6所示。黏贴过程中，要检验后半领围长度——从后颈点到侧颈点的领围线长度应在8cm以上，否则颈部太细，领围线黏贴不正确，需修正。

（7）肩线：操作者面对人台正侧面，如图1-7所示找到人台颈部中心点，再顺着人台领围线向后侧偏移0.7cm左右确定肩线的起始位置，肩线的结束位置在人台肩头正中点，如图1-8所示，用标记线黏贴连接人台的起始位置和结束位置，如图1-9所示。检验肩线黏贴正确与否的方

图1-5　后领围

图1-6　前领围

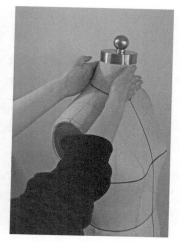

图1-7　人台颈部中心点

法非常简单，操作者面对人台正面，稍屈膝，视线保持水平且位于人台肩部最高处，此时肩线应处在肩头的最高处。

（8）袖窿曲线：从侧颈点开始沿肩线量取12.6cm（肩宽）找到肩点，从此肩点开始顺着人台的曲面走势黏贴前袖窿曲线至侧缝，腋下点最好设置在胸围线上或其上1.5cm左右范围内，接着顺势黏贴出后袖窿曲线至肩点，如图1-10所示。根据手臂向前运动多于向后运动、袖子袖窿前部余量小于后部余量的特点，袖窿标记线黏贴时要注意袖窿曲线前侧曲度大、较圆，后侧弯度平缓、曲度小。我们可以将胸围长度的一半作为袖窿长度的参考值。

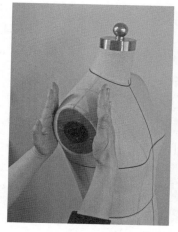

图1-8　肩线结束位置

图1-9　黏贴肩线

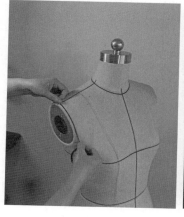

图1-10　袖笼曲线

（9）侧缝线：侧缝线是人台上较特殊的一条线，它的位置和走势可以充分体现人的精神状态和人体的曲线美，是人台上与公主线同样重要的设计线。黏贴人台侧缝线首先测量胸围线、腰围线、臀围线右半圈的长度，把这三个长度等分并在三围线上标出等分点，再沿三围线向人台后侧测量，分别标出距三个等分点1cm的另外三个参考点，这样在三围线间就产生了一个宽度为1cm的带状区域，在此区域内寻找一条既符合人体曲线美又与三围线接近垂直的线段作为人台侧缝线，如图1-11所示。另外，我们应以操作者从人台正面看不到侧缝线的状态为佳。

（10）前公主线：公主线是反映服装美、人体美的一条重要设计线，所以操作者应该反复观察、揣摩前后公主线的位置，使黏贴的前后公主线标记线优美、顺畅，完美分割人台前后侧，优化人体比例，体现丰胸、细腰、美臀。黏贴前公主线时，首先把肩宽（12.6cm）的中点作为公主线的起始点，途经胸部最高点，然后顺着人体曲线黏贴至腰部，再下行至臀围线，最后垂直向下黏贴至人台底端，如图1-12所示。黏贴前公主线有三点需要注意：一是从肩线中点至胸点的公主线部分应以平直略弯为宜；二是公主线与腰线交点的选择应以视觉上体现纤细腰部为原则；三是公主线是一条曲率变化丰富的曲线，不要因为参考点的设定而影响标记线黏贴的顺畅。

（11）后公主线：后公主线的起始点也是肩宽的中点，途经肩胛骨最高点，然后顺着后背曲面黏贴至腰部，再下行至臀围线，最后垂直向下黏贴至人台底端，如图1-13所示。后公主线的黏贴注意事项与前公主线相同。在腰围线上，后公主线到后中心线的线段长度应略小于前公主线到前中心的线段长度。

（12）前片垂直辅助线：前片垂直辅助线是一条重要的辅助标记线，主要用于布丝方向的校准，它位于前片公主线与侧

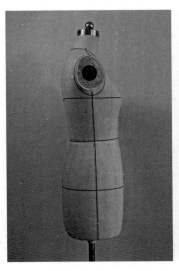
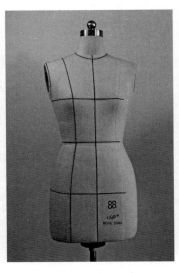

图1-11　侧缝线　　　　　　图1-12　前公主线　　　　　　图1-13　后公主线

缝线之间的区域内，起始点在胸围线之上，截止点在臀围线以下，整条线都垂直于地面。黏贴时，首先在腰围线上找到前公主线与侧缝线之间线段的中点，经过这一中点，垂直于腰线向上、向下黏贴标记线，

如图1-14所示。

（13）后片垂直辅助线：后片垂直辅助线位于后片公主线与侧缝线之间的区域内，作用和黏贴方法与前片垂直辅助线相同，如图1-15所示。

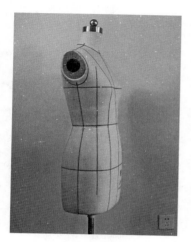

图1-14　前片垂直辅助线

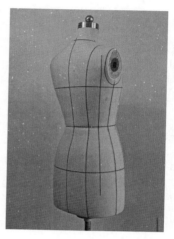

图1-15　后片垂直辅助线

第四节　人台立裁手臂制作

袖子是服装重要的组成部分，运用立体裁剪方法进行服装袖子的设计与制作时必须准备人台手臂，它是立体裁剪用人台必不可少的附件之一。但是市面上售卖的普通立裁用人台通常不配备手臂，需要使用者自制一到两条棉质手臂，以备立体裁剪时使用。

自制手臂步骤如下：

（1）图1-16是制作手臂的样板，首先在本白色坯布上画出布丝方向线，如图1-17所示把样板上的丝道参考线与坯布上的丝道方向线重合，然后拓下板型并根据图中所示的作缝画出毛板，最后沿毛

板剪下来。

（2）沿坯布上的辅助线把对比色棉线缝入坯布中，如图1-18所示。

（3）根据手臂大片的形状剪大小两片膨胶棉作为手臂的内芯，如图1-19和图1-20所示。

（4）把手臂样板中两个小圆片拓制在硬纸板上，并把硬纸板沿拓制线剪下来作为手臂上下端内部的衬板。

（5）用步骤（2）准备好的手臂上下两块挡布将硬纸板包住，并用棉线细密地把坯布边缘缝住，如图1-21所示。

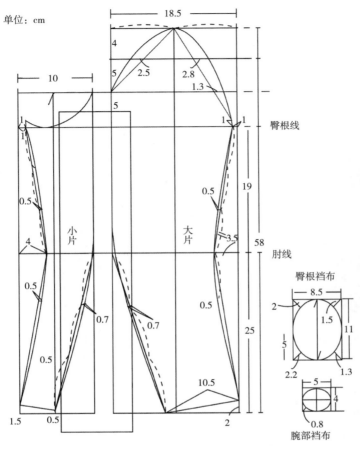

图1-16　手臂样板

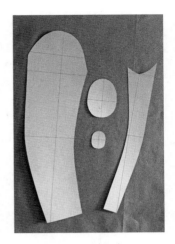

图1-17　样板成品

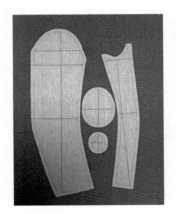

图1-18　棉线缝入坯布

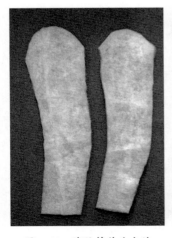

图1-19　膨胶棉作为内芯

图1-20　两片重叠

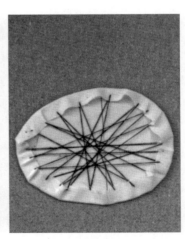

图1-21　用坯布把硬纸板包住

（6）把手臂大片的肘部拔烫或拉拽变形，然后把大小片沿净板线缝合并填入膨胶棉内芯，如图1-22所示，注意在缝合时大小布片上的肘线和腋下辅助线要连接在一起，而且所有的缝合线要保证平整顺畅，臂型自然漂亮。

（7）如图1-23所示，沿手臂臂根部的辅助线均匀缝入棉线并适当抽紧，形成漂亮的肩型。

（8）将步骤（5）缝制好的手臂上下挡布缝在手臂臂根上下端。

（9）剪一条长方形布片并对折，毛边扣烫在折缝里侧，如图1-24所示。

（10）将步骤（9）准备好的布条缝在手臂的肩头位置，人台立裁手臂制作完毕，如图1-25所示。

使用手臂时，将手臂臂根贴合在人台的臂根部，并把手臂肩头的布条紧紧固定在人台的肩部，手臂臂根的下半部分，即靠近腋窝的部分不需固定，如图1-26所示。

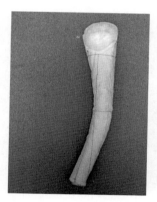

图1-22　缝合并填入内芯

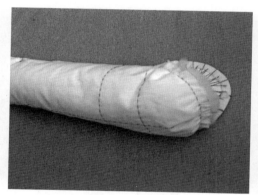

图1-23　臂根

图1-24　布片对折

内侧

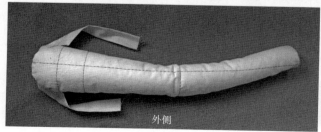

外侧

图1-25　手臂完成图

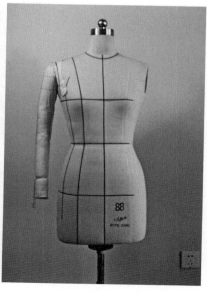

图1-26　手臂固定在人台上的效果

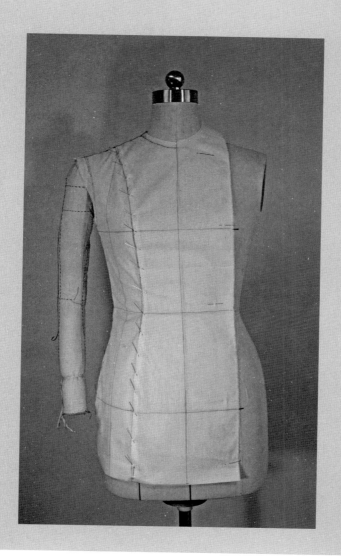

主要知识点

- 白坯布的准备与整理
- 基础针法练习
- 紧身原型立体裁剪三步骤
- 分析所用人台形体特点

第一节　坯布准备工作

坯布的准备和整理是立体裁剪成功的重要基础。一般立裁用的坯布布片都是大小不同的矩形布片，所以准备过程中的撕布和熨烫都是以得到尺寸合理、丝道线顺直的矩形布料为目的。在撕扯坯布时，要注意所有的坯布分割都不能使用剪刀裁剪，而只能用剪刀剪一小剪口后用手撕布，以保证坯布边缘是完整的一根布丝，熨烫完毕的布片是矩形的，且丝道线横平竖直。

从市面上购得的白坯布需要提前进行简单的处理，白坯布两侧边缘1cm左右的长条坯布需要撕去。为了便于熨烫出丝道线顺直的布片，在撕布之前应观察坯布边缘纬线的弯曲方向，然后逆向沿经线撕去布条，缓解白坯布边缘存在的面料内部应力。根据自己的设计款式估算所需布料的块数和每块的尺寸，然后撕扯坯布，并逐一在布片上绘制辅助线并进行熨烫。坯布上的辅助线应严格沿着丝道线方向绘制；熨烫过程中不能使用蒸汽。

为了便于初学者学习，本书中的立体裁剪范例已将估算出的布片块数和尺寸在附录中一一列出，而在真正的立体裁剪实践中，操作者应根据实际情况进行估算。

第二节　紧身原型制板步骤

学习紧身原型的立体裁剪有两个目的：第一，运用坯布进行服装立体裁剪的入门学习与实践，学习立体裁剪的坯布准备与整理、把握丝道线在人台表面的走向，掌握立体裁剪的基础针法和操作步骤；第二，眼、手能力的锻炼，从实践中体会人体（人台）的结构、人体（人台）表皮展开图的形状及成因。

根据紧身原型（图2-1）的结构特点和人台围度、长度尺寸可以确定紧身原型共需四片布片——前片、前侧片、后片、后侧片，并估算出四片布片的尺寸（长×宽）分别是：前片85cm×25cm、前侧片85cm×22cm、后片85cm×21cm、后侧片85cm×20cm，见附录一（附录图1-1）。

撕好布片后按附录一所示用铅笔沿布丝画辅助线，并进行熨烫，熨烫完毕后最好用直尺和三角板对布丝的直顺和经纬线的垂直进行检验，如果布丝不顺直或经纬线不相互垂直则必须重新熨烫，直到符合

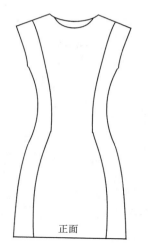
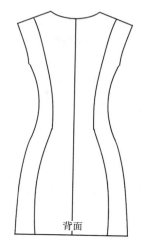

正面　　　　　　　背面

图2-1　紧身原型

要求才可以进行下一步的操作。

立体裁剪过程中，坯布与人台的固定主要是由大头针完成，而在别合过程中，应该避免大头针刺入标记线。

平面裁剪过程主要分为两个阶段，第一阶段是纸上作图阶段；第二阶段是面料裁剪、缝制成型阶段。而立体裁剪过程分为三个阶段，第一阶段是在人台或真人体上进行坯布或面料的立体裁剪操作；第二阶段是根据前一阶段的成果拓板、修板；第三阶段是根据第二阶段所得完成板裁剪、缝制服装。本书为了方便初学者学习，把第三阶段改为利用坯布和大头针组装服装。

一、操作步骤

（1）把前片坯布的前中心线、胸围线、腰围线、臀围线辅助线与人台上的对应线一一重合，顺次将坯布与人台在前中心线与领围线、腰围线、臀围线的交点附近用大头针固定，胸围线的固定点是两胸点，具体的用针方法和固定位置如图2-2所示。

（2）从前片前中心线顶端开始沿前中心线剪开，剪至人台领围线以上1cm处（此1cm为领口作缝量）；然后从人台右胸点开始，向上理顺面料至侧颈点，注意保证面料经纬线垂直水平，在前片上标出人台侧颈点的对应点——可以用大头针暂时别出此对应点，但不要把坯布别合在人台上，接着剪出弧形领口线，并保证至少1cm的作缝量，如图2-3所示。为了使领口布料平整，可以在作缝上剪出放射状剪口。布料领口线会有一定的余量，与人台无法完全贴附，这是由于人体锁骨的形状所致。对于初学者来说，裁剪曲线是较难的操作环节，最容易犯的错误就是剪多了面料，所以在剪布之前要反复确定裁剪位置和轨迹，建议每次少剪一些布料、留大作缝，经过多次裁剪最后完成曲线的裁剪操作。

（3）再次从人台右胸点开始，向上理顺面料至侧颈点，保证面料经纬线垂直水平，用大头针将坯布在人台侧颈点附近固定。用标记带在前片上复制人台上的侧颈点和肩线，如图2-4所示。

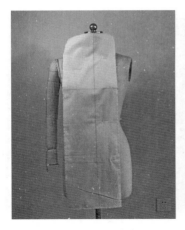

图2-2 固定前中

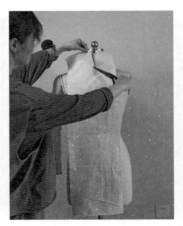

图2-3 沿中心线剪开

图2-4 复制侧颈点和肩线

（4）将前片面料从前中心线轻轻向侧缝抚平，在腰部会有紧绷感，所以在腰围线上剪剪口，注意不要剪过人台公主线在前片上的对应位置。用标记带将人台上的公主线复制在前片上，如图2-5所示。

（5）在腰围线与公主线交点附近用大头针把前片固定在人台上，暂时把布料翻折固定，以确保不妨碍前侧片的立体裁剪操作。把前侧片上的各条辅助线与人台上的各条辅助线一一对应重合，并固定三围线和下摆，如图2-6所示。因为人体特殊的曲面结构，前侧片辅助线上胸围到腰围、腰围到臀围的线段长度有时会短于人台上相应线段的长度，如果出现这种现象，首先要把前侧片上的腰围线、垂直辅助线与人台上的两条线重合，然后再将面料做适当的归拔处理，使胸围线和臀围线与人台上的对应线重合，固定三围线。归

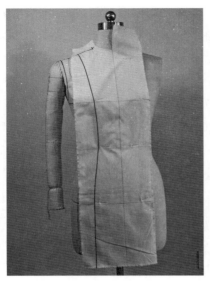

图2-5 复制公主线

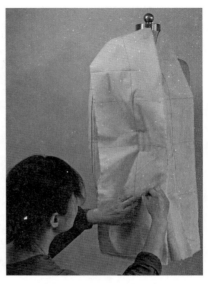

图2-6 固定三围线和下摆

拔处理在服装裁剪制作中会经常遇到，立体裁剪也不例外，而且由于人台或真人体千差万别，归拔有无、大小、位置也不尽相同，所以操作者应灵活处理，这一点本书不再特别论述。

（6）将胸围线以上的布料轻轻覆盖于人台上——注意一定要保持布丝方向垂直水平，如图2-7所示；在人台公主线与肩线交点附近固定前侧片，然后再次确定布丝方向是否正确以及坯布是否平展，两项都满足要求后，固定肩点，如图2-8所示。

（7）用标记线在前侧片上复制人台的肩线、肩点和公主线与肩线的交点，如图2-9所示。

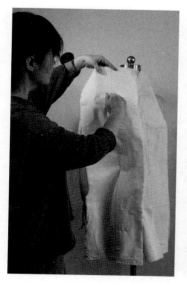

图2-7　布丝方向垂直水平　　　　　图2-8　固定肩点　　　　　图2-9　复制人台肩线

（8）将前片公主线与前侧片公主线处的布料合在一起并轻轻理顺，此时前片的三围线和前侧片上的三围线应该正好在公主线处衔接起来，用抓叠法固定公主线上的胸围、腰围、臀围和下摆几处，如图2-10所示。

（9）用大头针沿着公主线标记线将前片和前侧片胸围线以上的面料别住，一直别到肩线位置，别针要紧贴标记线，针尖向下，针距均匀；两片面料的连接线要顺畅，面料平展不堆砌，如图2-11所示。

（10）沿着公主线将前片和前侧片胸围线至下摆区间别合，如图2-12所示。在别合过程中如果前片和前侧片腰部紧绷，可以沿腰围线打剪口使面料服帖，但要注意不要剪过人台公主线在布片上的对应位置。

（11）将后片上的后中心线和三围线与人台上的四条线一一对应重合，在后中心线与领围线、胸围线、腰围线、臀围线、下摆各交点附近用别针固定，如图2-13所示。如果后片腰围处太紧绷可以沿腰围线打剪口，但剪口不能剪过后中心线。

（12）与前领口同理，修剪后领口并固定侧颈点和公主线与肩线的交点，用标记带复制人台的肩线、公主线、侧颈点和公主线与肩线的交点，如图2-14所示。前领口的修剪是以人台右胸点为起始点理顺面料布丝方向的，而后片是以肩胛骨部位为参考位置确定布丝的横平竖直的。

（13）将后侧片上的各条辅助线与人台上的各条辅助线一一对应重合，并固定三围线，胸围线以上的布料轻轻覆盖于人台上——注意一定要保持布丝方向垂直水平，如图2-15所示。

（14）在人台公主线与肩线交点附近固定后侧片，然后再次确定布丝方向是否正确以及坯布是否平展，两项都满足要求后固定肩点，用标记带复制人台上的肩线、肩点和公主线与肩线交点，如图2-16所示。

图2-10　固定公主线上的三围

图2-11　别合胸围线以上部分

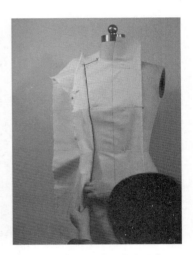

图2-12　前片和前侧片胸围线至下摆区间别合

图2-13　固定后中片

图2-14　复制人台公主线等

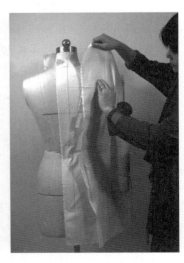

图2-15　保持布丝方向垂直水平

（15）将后片和后侧片沿公主线合在一起并轻轻理顺，此时后片的三围线和后侧片上的三围线应该正好在公主线上衔接起来，沿公主线标记带将后片和后侧片用抓叠法别住，如图2-17所示。为了使布料服帖，可以在公主线以外的多余面料上打剪口，但要注意不要剪过公主线。因为肩胛骨的特殊形态，在肩胛骨区域会有少量布料余量出现，应该将这部分余量归入公主线缝合线中。

（16）利用抓叠法把坯布的肩线别合，注意侧颈点、前后公主线交汇点和肩点位置一定要明确别合，坯布上的肩线要保持直线型且与人台肩线重合，如图2-18所示。

（17）以人台上的袖窿线为参考，留出2cm左右的作缝量，剪出前片、前侧片、后片和后侧片的袖窿曲线。这一步骤看似简单，但对于初学者是很大的挑战，通常会犯的错误是不能掌握立体空间中袖窿曲线的走向而剪去过多的面料，这样的错误是无法修正的，所以初学者应该采取"多次少量"的方法完成这一步骤——反复以人台上的袖窿线为参考，分几次修剪袖窿曲线，每次剪掉少量面料，如图2-19所示。

（18）将前侧片与后侧片利用抓叠法别合腰围线、胸围线、臀围线与侧缝线各交点和腋下点，然后沿人台侧缝线把各交点之间的线段以及臀围线至下摆的线段别合，如图2-20所示。

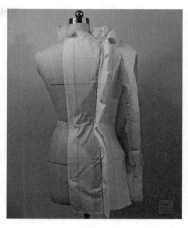

图2-16　固定肩点、复制标记线

图2-17　抓叠法别住

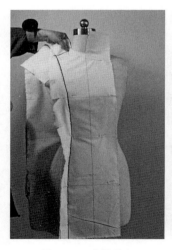

图2-18　肩线别合

图2-19　修剪袖窿曲线

图2-20　别合前、侧片各交点

二、拓板、修板

在人台上用坯布完成基本的衣片型之后，开始拓板、修板。

（1）用铅笔在人台上的白坯布上做记号，做记号的原则是全面、准确，如图2-21和图2-22所示。何为全面、准确呢？就是做完记号之后，摘下白坯布，每片坯布上的记号连接在一起能够呈现完整、准确的板型。根据这一原则，我们可以总结出做记号的一些技巧。例如，按顺时针方向依次在每片坯布上做记号，起始点与终止点重合，这样可以保证板型外轮廓是完整闭合的；但凡遇到有转折点的时候，记号为"十"字型，这样可以保证转折点位置的准确性；直线段、曲线段标记点的起始位置要明确，直线段中间的标记点可以稀疏一些，曲线段中间的标记点一定要密一些；要特别重视省和归拔的标注，省的形状、大小、长度一定要用十字和点划线标注清楚准确，归拔的起始位置、归拔量、对位点一定要清晰明确；坯布上用标记带黏贴的板型线——例如紧身原型的肩线，

可以拆下布片后再沿着标记带边撕下标记带边做记号等。

（2）将各片坯布从人台上拆下来平铺在工作台上，用铅笔连接各标记点，制成板型图——连接过程中要根据平面裁剪的原理和经验对板型进行粗略的修正，例如，直线段的修直，省道的省边对称、长度相等，扣位等距（特殊扣距除外）等。

（3）裁剪四张白纸，并参考坯布准备图，在白纸上分别绘制出三围线和中心线（或垂直辅助线）。

（4）将四片坯布上的板型图分别拓制在白纸上。

（5）检查肩线是否正确。首先，分别将前片和前侧片、后片和后侧片的肩线连接，观察连接是否顺畅，如不顺畅需修正；然后分别将前片和后片、前侧片和后侧片的肩线重合，观察领口线和袖窿线是否顺畅、符合平面裁剪规律，如不然则修正；接着检查前片、前侧片的肩线是否分别与后片、后侧片的肩线等长，如果前者大于后者，以后者为依据进行修正，反之不用

图2-21　标记领口

图2-22　标记缝合线

修正，因为人体的骨骼、肌肉结构可能在后片上形成吃势，使前片肩线短于后片肩线，如果存在吃势，需标出吃势的起止位置、大小和吃势符号。

（6）检查对应的各条缝合边是否等长，并根据平面裁剪经验检查各条线形走势是否合理。在检查等长的过程中一定要注意三围线的对位，存在吃势的一定要确定吃势的位置和大小是否合理。如果合理，要标出吃势的起止位置、大小和吃势符号；如果不合理，找出原因进行修正。

（7）根据修正好的纸上板型修改坯布上的各条线迹。

（8）留作缝，清剪各片衣片。作缝量分别为：前中心线10cm，后中心线5cm，公主线、领口和袖窿1cm，肩线和侧缝

1.5cm，下摆2cm。

拓板、修板可以说是立体裁剪过程中最烦琐、最枯燥的步骤，但也是立体裁剪作品是否能够从理念变为现实的关键，不经过板型的修正就无法形成结构严谨、可以缝制和穿着的真实服装。紧身原型的完成板见附录二（附录图2-1）。

三、组装服装

如果布片不平展，可以在组装前用熨斗将四片布片熨平——此时可以使用蒸汽熨烫。组装服装的主要针法：将需缝合的布片中的一片进行做缝的扣烫，然后将扣烫好的布片压盖在另一布片上，用针在布片的正面沿接缝线刺扎，使两块布连接在一起。此针法主要有两种形式，如图2-23所示。

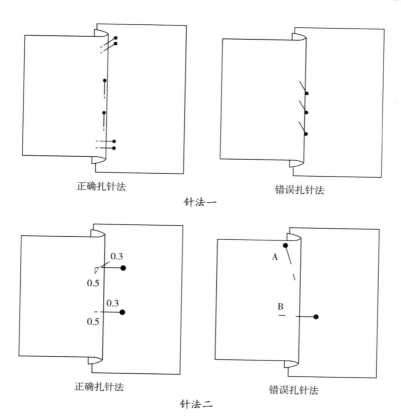

图2-23　针法示意图

　　紧身原型的组装相对简单，首先根据作缝的倒向扣烫作缝——肩线和侧缝线向后倒；前公主线倒向前中心线、后公主线倒向后中心线、下摆的作缝向背面折叠扣烫；前中心线、后中心线、领口线和袖窿修剪出整齐的剪口、不需扣烫；然后用组装针法连接各布片。将组装好的半片衣身穿在人台上，用针固定住前、后中心线的领口、腰围、臀围处，至此，组装完毕，如图2-24所示。

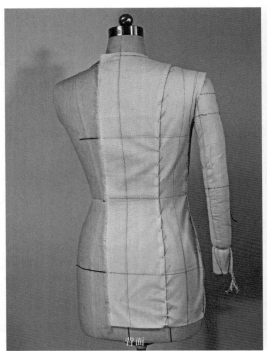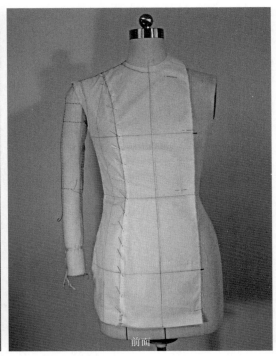

图2-24　紧身原型组装完成图

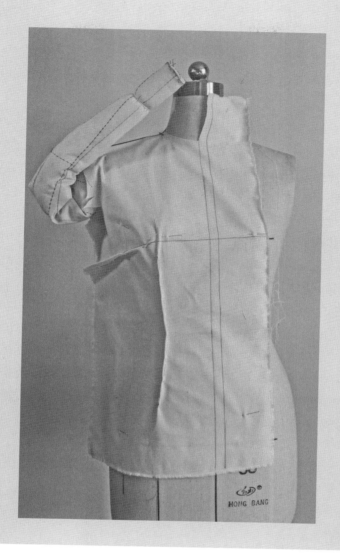

主要知识点

- 坯布的准备与整理实践
- 原型上衣立体裁剪三步骤的实践
- 余量的计算与立体裁剪实践
- 省的意义与立体裁剪实践

第一节　坯布准备工作

原型上衣不仅是平面裁剪学习的重要基础内容，还是立体裁剪的必学内容，它的板型完全体现人体上半身的立体形态特点，且满足人体上身各项机能性要求。如果说紧身原型的立体裁剪只是复制了人台的表皮结构，而非真正的服装立体裁剪，那么原型上衣的立体裁剪就可以称为真正的服装立体裁剪实践，且包含了绝大部分立体裁剪基本规律的练习。原型上衣立体裁剪的掌握与否直接影响着学习者对于人体与服装的关系的深入理解，对于立体裁剪重要规律和注意事项的认知。

坯布的准备需考虑人台和服装款式。

首先要根据（标准）人台尺寸决定坯布的基础尺寸，然后根据服装款式估计坯布尺寸的增加量，最后确定矩形面料的长和宽。现在以原型上衣为例，讲解坯布的准备。首先，通过服装款式，如图3-1所示，确定布片数量——原型上衣立体裁剪共需要前片和后片两片布片。然后，根据人台确定坯布的基础尺寸——前、后片的长度取决于人台表面纵向的最长线迹长度，即用软尺从侧颈点经胸点下行量至人台腰围线的长度。前片宽度取决于人台上半身前中心线到侧缝的最大围度线长，即胸围处从前中心线到侧缝的长度；后片宽度取决

正面

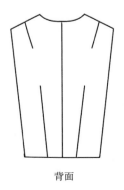

背面

图3-1　原型上衣款式图

于人台上半身后中心线到侧缝的最大围度线长，即胸围处从后中心线到侧缝的长度。最后，根据服装款式估计坯布尺寸的增加量，原型上衣的款式特点决定了它只需增加人体的正常活动量即可，不需另外增加布料余量，所以前、后片布料长度需再增加5~8cm，前片宽度再增加15cm，后片宽度再增加10cm。

根据所估尺寸将坯布撕扯完毕之后，需要用铅笔在坯布上绘制辅助线。辅助线主要起布丝对位作用。例如，原型上衣前片共需绘制三条辅助线——前中心线、胸围线和侧面垂直辅助线。前片前中心线距离布边10cm，能够保证前片覆盖住人台左胸部最高区域，便于固定胸围线，使布料稳定；胸围线至上布边27cm——从侧颈点量至胸部最高处的尺寸加5cm获得，能够保证肩、领处的布料余量，利于面料的固定和清剪；后片胸围线以上13cm的辅助线是肩胛骨区域的辅助线，便于操作者保证肩胛骨区域布丝方向的水平竖直，如附录一（附录图1-2）所示。

第二节　原型上衣制板步骤

一、操作步骤

（1）将坯布上的辅助线与人台上的对应辅助线重合，固定前片四个基础点——前中心线与领围线交点、左胸点、右胸点、前中心线与腰围线交点，如图3-2所示。

（2）在胸部最高处区域用大头针别出0.5cm的余量（最小值）——人的正常呼吸量；在保证胸宽处的布丝方向水平垂直的前提下确定侧颈点位置，如图3-3所示。

（3）修剪领口线并剪出放射状剪口以保证领口平服，接着固定侧颈点，理顺肩部面料，固定肩点，如图3-4所示。

图3-2　固定前片四个基础点

图3-3　确定侧颈点位置

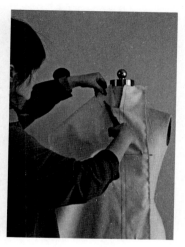
图3-4　修剪领口线

（4）将前片从肩部到胸部区域的面料向侧缝方向自然理顺，由于人体的三维结构，会自然地形成一个从人体正面到侧面的过渡，在袖窿处留出适当的胳膊活动余量，用大头针固定面料，如图3-5所示。

（5）预留袖窿和肩线的作缝量，清剪袖窿和肩线，如图3-6所示。

（6）用标记线在前片上复制黏贴"十"字型的（人台上的）侧颈点和肩点，肩点处沿袖窿线外移一定的肩部余量（此余量为胳膊活动量）后，贴出新的服装袖窿肩点，然后黏贴新的服装肩线，如

图3-7所示。

（7）在袖窿处剪一些剪口使袖窿自然平整，将前片胸围线上提，使其与人台上的胸围线完全重合，轻轻理顺面料，前片上就形成了一个侧缝省和一个腰省，用大头针在前片垂直辅助线附近固定，如图3-8所示。

（8）轻轻理顺侧缝省，根据人台形体特点寻找侧缝省省尖的最佳位置——以视觉美为准，然后沿胸围线把此省别住，此时前片上的垂直辅助线参考线与人台上的垂直辅助线应该重合或平行，如图3-9所示。

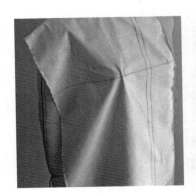
图3-5　留出活动余量

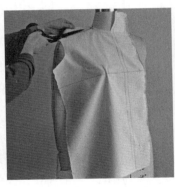
图3-6　清剪袖窿和肩线

图3-7　黏贴新的服装肩线

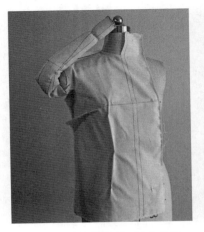
图3-8　确定侧缝省、腰省位置

图3-9　别住侧缝省

（9）以经过胸点的垂直线为腰省的中心线，把腰部多余的面料理顺，捏制腰省，然后在腰围处预留一定的腰省余量（此腰围余量尺寸以表1-1的计算结果为准）后，固定腰省的底部，并把腰省的省尖设计在胸点以下2cm左右处，用大头针顺次别住腰省，腰围线以下的部分打剪口，如图3-10所示。

（10）别侧缝——在袖窿线和侧缝的交点处、腰围线和侧缝线的交点处用标记线做记号，两点各让出一定的余量（此余量尺寸以表1-1的计算结果为准）再做记号，并用标记线贴出放出余量的新侧缝线，如图3-11所示。

（11）将前片向前翻折，用大头针暂时固定以便后片的立体裁剪，如图3-12所示。

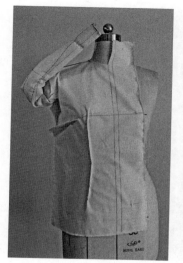
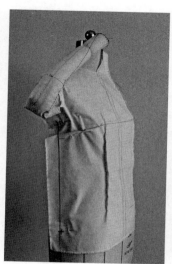

図3-10　别住腰省　　　　図3-11　标记线贴出新侧缝线　　　　图3-12　前片侧面向前翻折

（12）将后片的后中心线、胸围线与人台的对应线重合，固定两个基础点——后中心线与领围线的交点、腰围线与后中心线的交点。

（13）在肩胛骨区域留出一定的余量并用大头针固定，此余量主要是便于肩胛骨活动的需要，如图3-13所示。

（14）清剪后领口，固定侧颈点，根据肩胛骨处正确的布丝方向（经纬线垂直水平）理顺肩背部面料，如图3-14所示。

（15）保持后片上肩胛骨区域辅助线水平的前提下在袖窿附近固定一针，然后选择最佳的肩省位置——省尖指向肩胛骨，省底离领围线3~3.5cm，理顺肩省，并用大头针别出肩省，如图3-15所示。

（16）确定肩点位置并用标记带做肩点记号，然后沿袖窿线方向外移一定的肩部余量，黏贴新的服装肩线，留2cm做缝量清剪肩线，如图3-16所示。

（17）适当修剪袖窿处的多余布料，便于后片后面和后侧面的塑造；在肩胛骨区域辅助线与袖窿线的交汇区域留出一定的胳膊活动余量并用大头针固定此余量，如图3-17所示。

（18）使后片上的垂直辅助线参考线与人台上的对应线平行，观察后片后面和后侧面的过渡是否自然；轻轻理顺面料，使腰围处的多余面料自然形成一个腰省，用大头针暂时别住后片侧面区域，如图3-18所示。

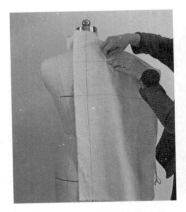

图3-13　肩胛骨区域留出余量

图3-14　经纬线垂直水平

图3-15　肩省位置

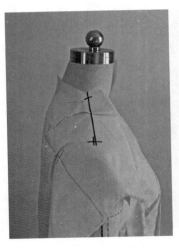

图3-16　新的服装肩线

图3-17　修剪袖窿

图3-18　塑造造型

（19）用大头针别出腰省，省尖指向肩胛骨区域并与肩省形成顺畅的线形，省底在腰围线上。初学者一定要注意省尖的位置不要过高，以免把肩胛骨及背阔肌的面料余量别进腰省而造成余量不足，使服装的机能性变差。别省底时要考虑到在腰围线上留出适当的腰围余量，原理与前片相同。别腰省的顺序建议首先用大头针别出省尖和省底，然后顺次别出中间各针，保证针尖与针尾相连，如图3-19所示。因为原型上衣的腰省设计为三角形，所以在别针时要注意尽量保持针迹的直线性，如图3-20所示。

（20）根据人台的体态特点做出上身原型的后片正面和正侧面，保证两个面过渡自然，然后用大头针在腋下区域固定，如图3-21所示。

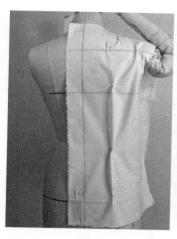

图3-19　确定腰省位置

图3-20　固定腰省

图3-21　固定腋下

（21）此时后片的胸围线位于人台胸围线的斜上侧，用标记线在后片上复制人台胸围线与侧缝的交点，然后在此点基础上放出适当的余量并用标记线做记号；腰围处除了后腰省放出一部分松量外，其余松量都在侧缝中放出，并用标记带黏出腰围线与侧缝线交点的原始点以及余量放出后的点，如图3-22所示。

（22）将前片和后片侧缝处重合理顺，使放出余量后的胸围线与侧缝线的交点、腰围线与侧缝线交点重合，用重叠法固定前后片的侧缝，注意一定要别出腋下点，如图3-23所示。

（23）利用盖叠法（这是一种缝合连接两个或多个布片的常用立裁方法）把前、后片的肩线重合，其中一个布片上通常需用标记带黏贴缝合线，没有黏贴标记带的布片覆盖在黏贴有标记带的布片

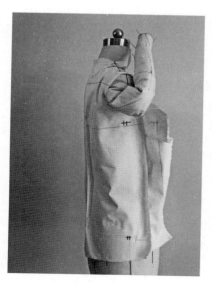

图3-22　胸、臀处放出松量

图3-23　前片和后片重合

之上，然后用大头针垂直于标记带将两个布片别合在一起，如图3-24、图3-25所示。此时肩部的余量空间能够容纳一个手指。

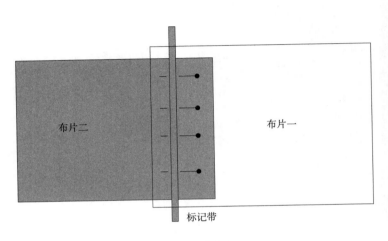

标记带

图3-24　盖叠法

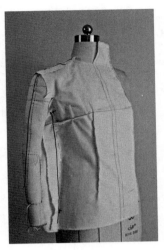

图3-25　盖叠法肩线重合

二、拓板、修板

拓制板型，修板并把修好的板型重新拓制在白坯布上。在坯布从人台上取下之前，需要把坯布上一些必要的点、线用铅笔做标记，原理与紧身原型相同。此步骤需要注意的是，紧身原型的坯布与人台是贴合的，没有余量，而上身原型是存在余量的，所以在做标记点时需要根据实际穿着效果决定各个点、线的位置并做标记，尤其要注意袖窿线上各点的绘制，不可死板地把布料在人台上扯平画点，而应将面料在保有余量、呈立体空间状态的情况下将人台上的线迹描画出来。然后取下布片，将所有的标记点连线，绘制成初步的版型，根据平面裁剪的规律和经验进行修板。下面针对几个重要的修板知识点进行说明：

（1）领口的检验。根据平面裁剪经验和规律，检查前、后领口宽和领口深并进行修正。

（2）合并肩省，检查后肩线是否呈直线型，非直线型应修正为直线型，并检验前后肩线的长度——前肩线与后肩线等长或略小于后肩线。

（3）观察前后片省的位置是否与上身原型设计图相符，后片肩省和腰省是否处在同一顺畅的曲线上，如不是则需修正。

（4）以坯布上的标记点为参考点，用曲线板顺畅地连接袖窿曲线，保证前、后袖窿线形状和长度符合服装裁剪规律。

（5）测量背宽和胸宽，保证背宽长度和胸宽长度的设置合理且背宽长度大于胸宽长度，建议差值在1~1.8cm。

（6）测量各部分余量是否充足、符合款式设计要求且分布合理。例如三围线余量、胸部余量和肩胛骨处余量等。

在修板过程中，一定要注意直角的问题，例如：前后领口线与前后中心线连接处要保证为直角；袖窿线与肩线和侧缝的连接处为直角；省边与省底的连接处为直角；等等。另外，由于人体的空间立体结构，要保证服装在穿着时下摆水平，平面板型的下摆必定是一条曲线，所以在坯布从人台上取下之前必须认真描绘下摆曲线上的标记点，以保证修板时的方便和板型的正确。原型上衣的完成版见附录二（附录图2-2）。

三、坯布组装

根据第二步拓制在白坯布上的最后板型线清剪作缝，作缝量为：领口、腰围、下摆、袖窿为1cm，肩线和侧缝为1.5cm；根据作缝和省的倒向扣烫缝合线和省——作缝和省的倒向为侧缝向前倒，肩线向后倒，侧缝省向下倒，前、后腰省分别向前、后中心线倒，袖窿和领口的作缝不内折、留毛边；扣烫完毕后用大头针别合省和前后片，最后把组装完毕的原型上衣穿在人台上观察立体裁剪作品是否符合设计图要求，是否满足人体的机能性，是否比例协调并体现人体的美感等，如图3-26所示。

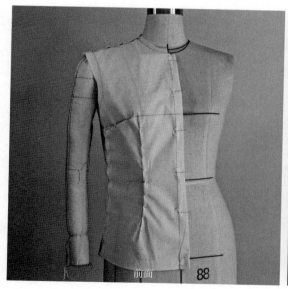 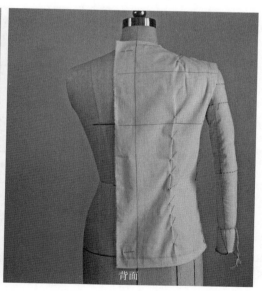

图3-26　原型上衣

第四章 衣身省道结构设计及立裁方法

主要知识点

- 坯布的准备与整理实践
- 省褶转化的立体裁剪实践
- 余量的计算与立体裁剪实践

省是塑造服装立体造型的重要工具。省的变化是丰富多彩的，它可以围绕省尖做360°的角度变化，转化为各种褶饰，还可以分散成几个小省或者变为省和褶饰的组合。省的本质和省的转移原理在平面裁剪中已有较多了解，在此不予赘述，以下重点讲述用立体裁剪方法完成胸腰省的转移应用。

在立体裁剪实践前，对服装款式、结构进行细致的分析是非常必要的，所以建议初学者将服装款式图绘制在白纸上，并用别针别在人台上，这样有利于初学者仔细观察分析款式图，在立体裁剪过程中时时与款式图进行比对。

第一节　原型省——碎褶设计及立裁方法

一、款式分析

如图4-1所示，本款上装具有以下款式、结构特点：

（1）松量适中的无领（圆领口）、裸袖上装。

（2）前片为一片式，后片为一片式。

（3）前中心线处有部分门襟，门襟上竖排六粒距离相等的小扣。

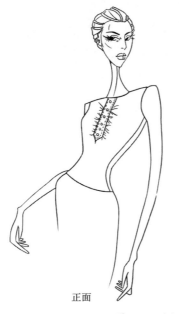

正面

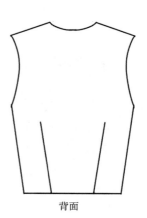

背面

图4-1　碎褶设计服装款式图

（4）胸腰省转化为门襟上的细小抽褶，后片上左右对称各有一个腰省。

二、坯布准备

根据以上分析和人台的具体尺寸准备坯布并熨烫整理，见附录一（附录图1-3）。

三、操作步骤

（1）将前片上的辅助线与人台上的对应线重合，固定四个基础点——前中心线与领围线交点、左胸点、右胸点、前中心线与腰围线交点。

（2）取下前中心线与领围线交点处的别针，将腰围、胸围处的多余面料顺时针方向推至前中心线上。

（3）理顺腰围线处的面料，用大头针把腰围与侧缝的交点位置固定，在腰围线以下的面料上打剪口使腰围线附近的面料服帖。

（4）轻轻抚平腰围线以上、胸围线以下的面料，明确地塑造出上装的正面、侧面及其过渡，两个面的过渡要自然，在胸点附近留出适当的余量，用大头针固定胸围线与侧缝线交点的位置，如图4-2所示。

（5）袖窿处留出一定的余量，塑造胸围线以上的正面和正侧面，要保证两个面的过渡自然，袖窿余量要适当，太大容易走光，太小不利于手臂活动。

（6）理顺面料，清剪领口线，顺次固定肩点、侧颈点和前中心线与领围线的交点，用标记带把人台上的肩线复制在白坯布上，并贴出侧颈点和肩点，如图4-3所示。肩点处也可适当放出一定的余量，提高肩头的舒适性。

（7）把前中心线上的余量捏成均匀的碎褶，并用大头针固定，如图4-4所示。在捏制碎褶时要把握碎褶的起止点和分布状态。因为只是胸腰省转化为碎褶，所以褶量不大，捏制时应注意保持胸部的余量适中。

（8）因为胸腰省转化为前中心线上的碎褶，所以白坯布上的前中心线会偏移至人台的一侧，用标记带把人台上的前中心线复制到白坯布上，如图4-5所示。

（9）后片的立体裁剪方法与上身原型相同。裁剪练习时应注意胸围线、腰围线

图4-2　固定前片

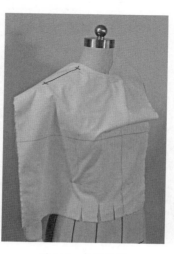

图4-3　复制肩线

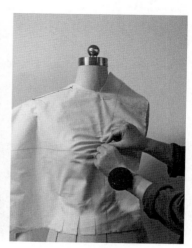

图4-4　捏成碎褶

和肩胛骨等部位的余量加放。另外，在设计后腰省的位置时应考虑到此款上装后片为一片式，两腰省的距离可以短一些。

（10）在前片和后片的腋下点、腰围线和侧缝线的交点处用标记线做记号，两点各让出一定的余量（此余量尺寸以表1-1的计算结果为准）再做记号，并用标记带在前片上黏贴出放出余量后的新侧缝线，如图4-6所示。

（11）将前片和后片加放松量后的侧缝线重合，并用大头针别合，如图4-7所示，操作过程中应注意设置合理的腋下点位置——为了保证舒适性和避免走光，应

把腋下点设置在胸围线以上1cm位置附近。

四、拓板、修板

用标记笔在白坯布上做标记后，拆下白坯布拓制样板、修板，最后把完成板（见附录二附录图2-3）反拓在白坯布上。在做标记时应注意明确标注胸前碎褶的起始位置并测量碎褶抽制后的长度，其他操作步骤参见第三章。

五、坯布组装

进行坯布的组装，如图4-8所示。本款上装在组装过程中为了操作方便、外

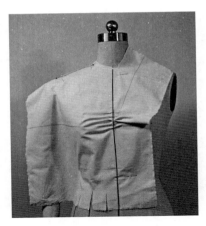
图4-5　复制前中心线到白坯布

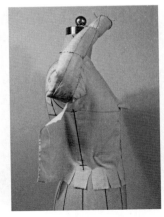
图4-6　侧缝线标记线

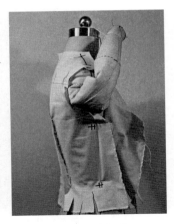
图4-7　放松量

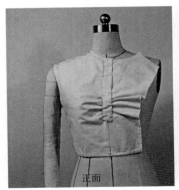

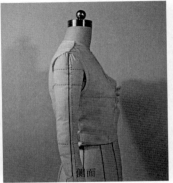

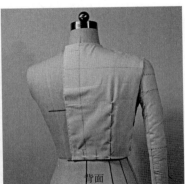

图4-8　碎褶设计服装组装效果图

形美观，可以用针线完成胸前碎褶的抽制。另外取长度适中的布片按照款式图要求进行扣烫，并作为门襟别合在前中心线处。

第二节　原型省——活褶设计及立裁方法

一、款式分析

如图4-9所示，本款上装具有以下款式、结构特点：

（1）松量适中的无领（圆领口）、裸袖上装。

（2）前片为一片式，后片为两片式。

（3）前片胸腰省转化为腰部平行的两个斜向活褶，左右褶饰在前中心线附近交叉。

（4）后片每片上都有一个腰省。

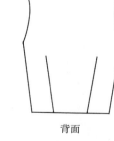

正面　　　　　　背面

图4-9　活褶设计服装款式图

二、坯布准备

根据以上分析和人台的具体尺寸准备坯布并熨烫整理，见附录一（附录图1-4）。

三、操作步骤

（1）将前片上的辅助线与人台上的对应线重合，固定四个基础点——前中心线与领围线交点、左胸点、右胸点、前中心线与腰围线交点。

（2）在保证胸宽区域的布丝方向水平垂直的前提下确定左右两个侧颈点位置，然后修剪领口线，接着固定左右两个侧颈点，如图4-10所示。

（3）理顺肩部面料，固定左右两肩点，如图4-11所示。

（4）先清剪一侧袖窿的多余面料，在袖窿处留出一定的余量，塑造出胸围线以上的正面和正侧面并固定，要保证两个面过渡自然，袖窿余量要适当，太大容易走光，太小不利于手臂活动。同理裁剪另一侧袖窿，尽量做到左右袖窿对称。

（5）轻轻抚平左右两侧侧缝线附近区域的面料，用大头针固定胸围线、腰围线与侧缝线交点的位置，如图4-12所示。

（6）把腰围线上的布料余量（胸腰省）捏制成两个平行的斜向活褶，注意斜褶的大小、位置和距离要美观，如图4-13所示。

（7）如图4-14、图4-15所示，把斜褶的一条褶边剪开，剪开的长度不应过

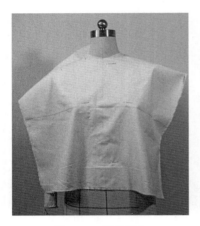

图4-10　固定前片

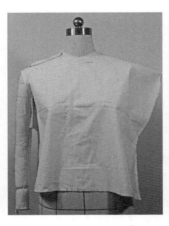

图4-11　固定左右两肩点

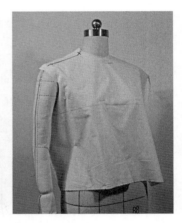

图4-12　固定侧缝几个交点

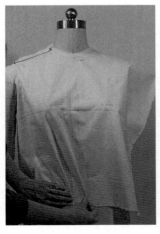

图4-13　设计平行活褶

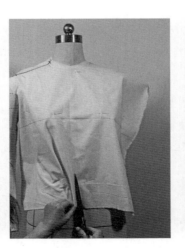

图4-14　褶边剪开

图4-15　斜褶插入

长，以另一侧斜褶能够刚好插入为宜。

（8）将腰围线上另一侧的布料余量（胸腰省）捏制成两个平行的斜褶，注意斜褶的大小、位置和距离要美观，如图4-16所示。

（9）后片及前后片肩线、侧缝线连接的立体裁剪方法与本章第一节相同。

四、拓板、修板

用铅笔在白坯布上做标记后，拆下白坯布拓制样板、修板，然后将完成板反拓

在白坯布上，在做标记时应注意每个斜褶的三条辅助线都需仔细描点，左右两侧褶饰的插接点要明确描出，其他操作步骤参见第三章上身原型的立体裁剪。本款上装的完成板见附录二（附录图2-4）。

五、坯布组装

进行坯布的组装，如图4-17所示。本款上装前片为一片式，且左右不对称，所以在组装过程中应拓制两片后片衣片，并和前片用大头针别合，再组装整套上装。

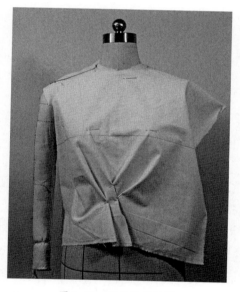

图4-16　两个平行斜褶

图4-17　完成图

第三节　原型省——领口省设计及立裁方法

一、款式分析

如图4-18所示，本款上装具有以下款式、结构特点：

（1）松量适中的连身领、裸袖上装。

（2）前片为一片式，后片为两片式。

（3）前片胸腰省转化为领口省。

（4）后片每片上都有一个腰省。

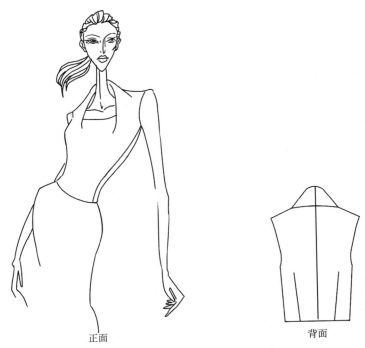

正面　　　　　　　　　　背面

图4-18　领口省设计服装款式图

二、坯布准备

以上分析和人台的具体尺寸准备坯布并熨烫整理，见附录一（附录图1-5）。

三、操作步骤

（1）本款服装建议从后片做起，把衣片上的后中心线参考线与人台的对应线重合，或者上部重合至肩胛骨辅助线，然后渐渐内收至腰线，产生收腰的效果，如图4-19所示。

（2）在保证肩胛骨区域布丝方向水平垂直的前提下确定侧颈点位置，修剪领口线并剪出放射状剪口以保证领口平整，领口作缝量为2cm，接着在肩胛骨区域竖别两针以固定肩胛骨部位所需余量，然后粗剪袖窿多余面料，注意肩部多余的面料不要清剪，平整地搭在人台肩部即可，如

图4-20所示。

（3）接下来的后片立体裁剪方法与本章前两节的相同，参照前两节的操作步骤完成后片的制作。

（4）将前片上的参考线与人台上的对应线重合，固定四个基础点——前中心线与领围线交点、左胸点、右胸点、前中心线与腰围线交点，把胸腰余量顺时针推至领口线范围内。用标记带贴出领口线位置和形状，领口线截止于领口省；领口线可以设计成直线型或者小弧线型，如果把领口设计在锁骨位置，由于锁骨的支撑，会使直线型领口产生上凸的视错觉，所以为了视觉效果，此位置的领口线应下凹一些。

（5）预留1cm的作缝量清剪领口的水平部分，注意不要剪过领口省，如图4-21所示。

（6）根据效果图中领口省的位置和长度理顺领口省后用大头针固定，并依势做出领型，去掉领口多余的面料，领子要自然、平滑地围绕在颈部周围，与颈部要有一定的空隙，整理好领子的外领口线，用大头针暂时把领子固定在大身上，如图4-22所示。

（7）适当粗剪袖窿处的多余布料，将肩部的布料向上翻起，调整领子和肩部的关系，留出2cm的作缝量清剪袖窿并固定领口缝合线及前后片肩部缝合线，如图4-23、图4-24所示。

（8）别侧缝——在腋下点、腰围线和侧缝线的交点处用标记线做记号，两点各放出一定的余量（此余量尺寸以表1-1的计算结果为准）再做记号，并用标记线贴出放出余量后的新侧缝线。

（9）把前片和后片加放松量后的侧缝线重合，并用大头针别合，操作过程中应注意明确别合侧缝的起止点。

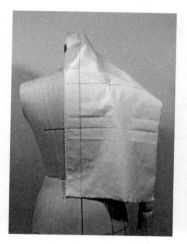

图4-19　固定后片

图4-20　后片简单造型

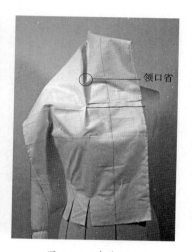

领口省

图4-21　清剪领口

图4-22　整理领子外领口线

图4-23　粗剪袖窿

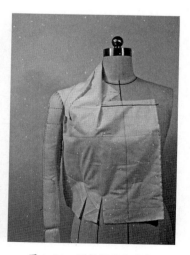

图4-24　调整领子和肩部

四、拓板、修板

用铅笔在白坯布上做标记后，拆下白坯布拓制样板、修板，最后把完成板反拓在白坯布上。在做标记时应注意三点：袖窿和领子的交叉点要做合印；后片袖窿与前片袖窿连接处建议用"十"字标记明确位置；前、后片上的领口缝合线要完整、准确地描画记号。其他操作步骤参见第三章，本款上装的完成板见附录二（附录图2-5）。

五、坯布组装

进行坯布的组装，组装结果如图4-25所示。

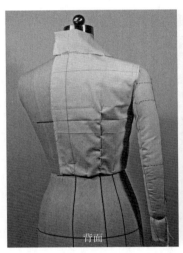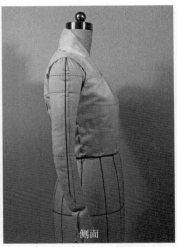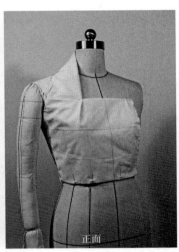

图4-25　完成图

本章练习

根据以下五款省的转换图进行立体裁剪实践练习。

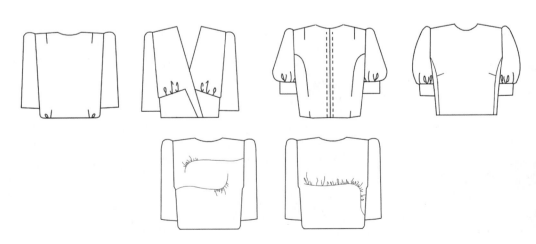

练习图1

练习图2

第五章

衣领结构设计及立裁方法

主要知识点

● 人体头、肩、颈的立体结构及其对领结构的影响
● 立领、扁领、翻领的立体裁剪方法

领子是服装的重要组成部分，位于人体的肩颈部位，由于人体头、肩、颈不仅结构复杂，而且是人体的重要活动区域，所以领子的机能性设计就变得尤为重要；另外，领子的款式、结构变化可谓丰富多彩，它无疑是服装设计的重点之一。作为以解决复杂服装结构见长的立体裁剪，在领型设计方面有广阔的应用空间。下面我们从基础领型的立体裁剪入手进行领型立体裁剪的实践。

第一节　立领结构设计及立裁方法

一、款式分析

如图5-1所示，本款立领具有以下款式、结构特点：

（1）传统立领。

（2）立领从领围线到领口线微微内收。

（3）领高处于脖颈的中间靠下位置。

（4）领口缝合线基本处于正常的领口线处。

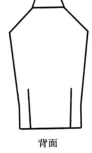

正面　　　　　　　　背面

图5-1　立领服装款式图

二、坯布准备

根据以上分析和人台的具体尺寸准备坯布并熨烫整理，见附录一（附录图1-6）。

三、操作步骤

根据此款立领的效果图进行立体裁剪实践，步骤如下：

（1）将立领备布上的垂直参考线和水平参考线分别与人台上的后中心线和领围线重合，固定后中心线和领围线的交点，然后在其左右、距其2cm处各固定一针——此两针的固定遵循的是领子上的领口线在后中心线附近与后中心线垂直的规律，如图5-2所示。

（2）根据立领平面裁剪的经验可知，在后中心线附近，领子上的领口线与后中心线保持垂直特性的线段长度较长，所以可以将备布上的水平参考线与大身的领口线多重合一段距离并固定两至三针，在水平参考线之下打一些剪口以便于领型的塑造和领子的服帖，如图5-3所示。

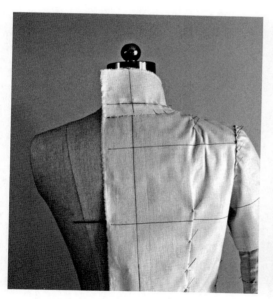

图5-2　固定领子后中线

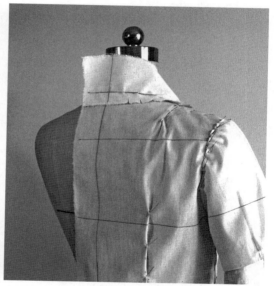

图5-3　塑造领子转折造型

（3）根据人体颈、背的结构特点和效果图中立领的款式造型，将立领面料沿领口线轻轻向侧颈点推，使布料围绕颈部，且与颈部平行或稍向颈部倾斜，颈部与领子空隙约留一手指空间距离，边整理领型边固定领口线，直至固定到侧颈点，如图5-4所示。

（4）继续保持领子的竖立状态和距离颈部的距离向前推动面料并固定领口线，直至固定到前颈点，此时的立领领口线已开始渐离水平参考线，如图5-5所示。在塑造立领的造型时要时刻注意领子在各个方向的角度表现、领子与颈部的余量空间及领口线的顺畅。

（5）用标记带黏贴出完整的立领形状，如图5-6所示。

图5-4　塑造领子造型

图5-5　固定领口线

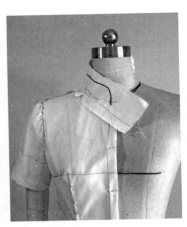

图5-6　标记带黏贴立领形状

四、拓板、修板

用标记笔在白坯布上做标记后，拆下白坯布拓制样板、修板，最后把完成板反拓在白坯布上，留出适当作缝，清剪布片。在做标记时应尽量把立领领口线的标记点描密一些，以保证领口线的准确性，另外要用"十"字明确标记出后颈点、侧颈点、前颈点，还应特别注意立领吃量的位置和大小。立领的纸样见附录二（附录图2-6）。

五、坯布准备

进行立领的组装，如图5-7所示。由于我们只做了一半的立领，而且立领的内部拉力很大，所以组装后的立领后中心线由于没有另一半领子的拉扯、平衡而偏向了右边（图5-7中的背面），当制作出完整的立领组装在大身上之后，这种现象会自然消失。

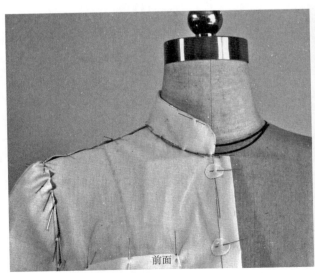

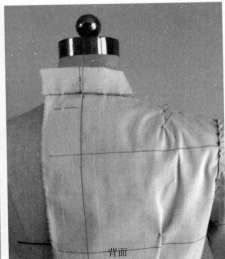

图5-7　立领效果图

第二节　扁领结构设计及立裁方法

一、款式分析

如图5-8所示，本款扁领具有以下款式、结构特点：

（1）款式可爱、清新，属于传统的扁领（娃娃领），领角为圆弧形。

（2）有微小领台的扁领结构。

（3）领面搭在肩部，领宽略大于二分之一肩宽。

（4）领口缝合线基本处于正常的领口线处。

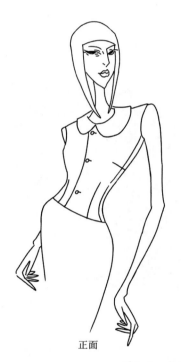

正面

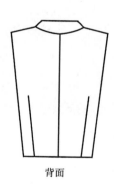

背面

图5-8　扁领服装款式图

二、坯布准备

根据以上分析和人台的具体尺寸准备坯布并熨烫整理，见附录一（附录图1-6）。

三、操作步骤

根据此款扁领的效果图进行立体裁剪实践，步骤如下：

（1）沿扁领备布上的水平参考线折叠，在后中心线与领口线交点位置水平固定一针，如图5-9所示。

（2）根据人体颈、背的结构特点可知，扁领的领口线在后中心线附近基本上呈水平直线型，所以沿领口线在后中心线与领口线交点的左右两侧且距其2~2.5cm处水平各固定一针，如图5-10所示。

（3）此款扁领微小的领台设计具有

很强的实用性，首先微小的领台可以遮盖领口缝合线，另外它使领型的线条更加柔和。根据效果图估算小领台的高度约为1cm，把折叠的布片拉下来，在后中心线与领口线交点位置留出1cm的折叠量水平别针，如图5-11所示，注意要保证布片上的后中心线参考线与人台的后中心线要自然重合。

（4）用手沿领口线轻轻推动布片至侧颈点，保证侧面领台到前面逐渐变矮的自然过渡，暂时固定侧颈点，如图5-12和图5-13所示。

（5）把拉下的布片部分再向上折叠，沿大身后领口线把扁领布片用大头针固定在大身上，别针时要保证布料的平整和别合线的顺畅，大头针可以适当别密一些，如图5-14所示。

（6）再把折叠的布片部分拉下来，如图5-15所示剪开领口布料。

（7）用手指沿领口线轻轻推动面料至前颈点位置，如图5-16所示。在推动面料的过程中，用力一定要轻，避免布料

图5-9　固定后领中心

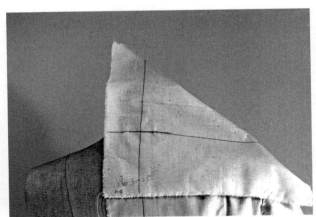

图5-10　固定后领中心左右两侧

图5-11　留出1cm的折叠量水平别针

图5-12　沿领口线推动布片

图5-13　自然过渡造型

拉伸变形，另外要保证小领台在绕过侧颈点后仍自然逐渐变矮，最后消失在领窝位置，然后在前颈点位置用大头针固定，如图5-17所示。

（8）把搭在肩部的扁领面料翻起，沿大身前领口线把平领布片用大头针固定在大身上，别针时要保证布料的平整和别合线的顺畅，大头针可以适当别密一些，如图5-18所示。

（9）重新把领布拉下来披在肩部，用标记线黏出领型线，如图5-19所示。

（10）适当修剪扁领领口处的多余面料。

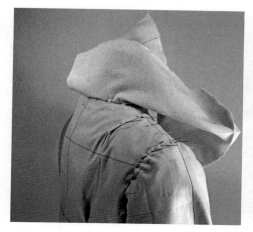

图5-14 固定领子

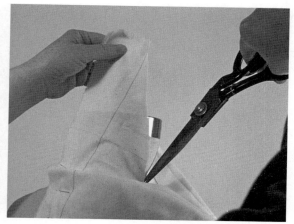

图5-15 剪开领口布料

图5-16 推动面料至前颈点

图5-17 固定前中位置

图5-18 领子固定在大身上

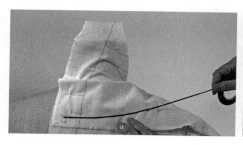

图5-19 标记线黏出领型线

四、拓板、修板

用铅笔在白坯布上做标记后，拆下白坯布拓制样板、修板，最后把完成板反拓在白坯布上，留出适当作缝，清剪布片。在做标记时应尽量把平领领口线的标记点描密一些，以保证领口线的准确性，另外要用"十"字明确标记出后颈点、侧颈点、前颈点。扁领的纸样见附录二（附录图2-6）。

五、坯布组装

进行扁领的组装，如图5-20所示。组装过程要仔细调整领面与肩颈部的服帖。

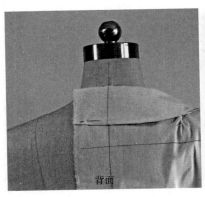

图5-20　扁领完成图

第三节　翻驳领结构设计及立裁方法

一、款式分析

如图5-21所示，本款翻领具有以下款式、结构特点：

（1）干练、利落的衬衫翻领。

（2）前搭门量为2cm。

（3）前门襟上均匀地排列五粒扣，第一、二粒扣的中点在胸围线附近。

（4）领台高为3～3.5cm。

二、坯布准备

根据以上分析和人台的具体尺寸准备坯布并熨烫整理，见附录一（附录图1-6）。

三、操作步骤

根据此款翻领的效果图进行立体裁剪实践，步骤如下：

（1）在人台上用标记线贴出翻领的领口线、翻折线，领台高设为3cm，如图5-22所示。

（2）根据结构分析，翻领综合了扁领和企领的结构特点，如图5-23所示，将翻领的下半部分，即扁领部分翻折过来。

（3）把领子备布如图5-24所示剪下一月牙形部分，然后把领子备布的垂直参考线和水平参考线分别与大身上的后中心线

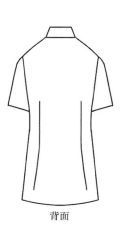

正面　　　　　　　　　　　　　　　　　　背面

图 5-21　翻驳领服装款式图

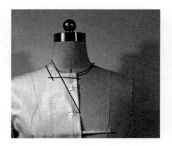

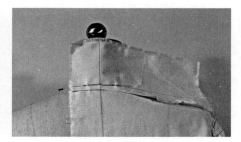

图 5-22　贴出翻领的领口线、　　图 5-23　翻折扁领部分　　　　图 5-24　整理布片丝道
　　　　　翻折线

和后领口线重合。

（4）根据人体颈、背的结构特点可知，翻领的领口线在后中心线附近基本上呈水平直线型，所以沿领口线在后中心线与领口线交点左右两侧且距其 2～2.5cm 处水平各固定一针。

（5）根据翻领企领部分的特点整理领子领台部分的形状，将布料由后颈点沿领口线轻轻向侧颈点推，使布料围绕颈部，

且与颈部平行或稍向颈部倾斜，颈部与领子空隙约留一手指空间距离，固定侧颈点。

（6）沿翻折线折下翻领的企领部分，观察领型是否美观流畅，符合效果图要求后，再把企领部分翻起，用针沿领口线把领子固定在大身上，如果领子上有余量，沿领口线往下"赶"，如图 5-25 所示。如果领口线和领座在别合时无法平整，可适当在领口线的作缝部分剪一些剪口以缓释面料应力。

（7）再把领子沿翻折线翻下，根据效果图设计领面大小和形状，用标记线贴出驳头形状，如图5-26所示。

（8）别合企领与扁领过渡部位的领口线，两针的位置要别合明确。

（9）重新整理翻领的各个部分，保证布料的平整自然，适当修剪去掉多余的布料。

图5-25　塑造领子造型并固定

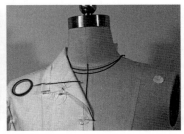

图5-26　设计领子造型

四、拓板、修板

用铅笔在白坯布上做标记后，拆下白坯布拓制样板、修板，最后把完成板反拓在白坯布上，留出适当作缝，清剪布片。在做标记时应注意完整标注领口线、翻折线、领面外形线，关键的转折点用"十"字明确标记。翻领的纸样见附录二（附录

图2-6）。

五、坯布组装

进行翻领的组装，组装结果如图5-27所示，注意翻领的扁领部分与企领部分的结合处用大头针平整固定，针的别法和朝向如图所示。

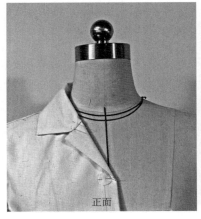

图5-27　翻领组装完成图

本章练习

根据以下领型进行立体裁剪实践。

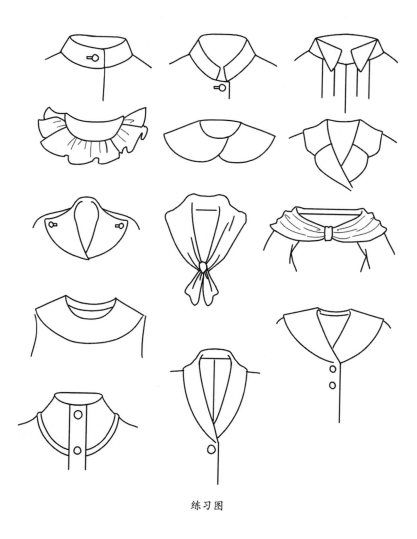

练习图

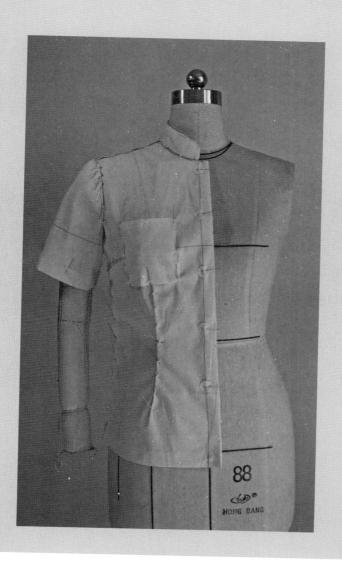

第六章

衬衫结构设计及立裁方法

主要知识点

- 衬衫胸、腰、臀、肩部、袖窿、肩胛骨、背阔肌等部位的余量设计
- 通过正面、正侧、侧面、背面、后侧面以及各面的自然过渡设计塑造衬衫的立体造型
- 衬衫前片胸腰省、后片肩省和腰省以及侧缝收腰的设计处理
- 宽松一片袖的制作

衬衫是服装中的基础、必备单品，是人们接触最多，最易于穿着、搭配的服装单品之一。女式衬衫的款式变化非常丰富，立体结构感较强，它的立体裁剪综合运用了上身原型、领型和袖型的立体裁剪方法。

第一节　较合体衬衫结构设计及立裁方法

一、款式分析

如图6-1所示衬衫的款式、结构具有如下特点：

（1）余量适中的传统女衬衫，前身为两片对称式，后片为一片式，无后中心线破缝。

（2）立领结构。

（3）一片式宽松短袖。

（4）前片一个胸腰省和一个侧缝省，省量较小；后片一个肩省和一个腰省。

（5）暗门襟，五粒扣。

（6）衬衫长及臀围线，穿在裙子的外部。

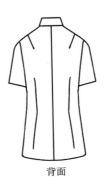

正面　　　　　　　　背面

图6-1　衬衫款式图

二、坯布准备

根据以上分析和人台的具体尺寸准备坯布并熨烫整理，见附录一（附录图1-7）。

三、操作步骤

根据此款衬衫的效果图进行立体裁剪实践，步骤如下：

（1）根据效果图分析，此款衬衫的搭门量为1.5cm，所以在前片上的前中心线外侧距其1.5cm处画一平行线，此线段为前门襟外边缘线；然后把坯布上的参考线与人台上的对应线重合，固定前片四个基础点——前中心线与领围线交点、左胸点、右胸点以及右胸点余量固定点，如图6-2所示。

（2）在保证胸宽处的布丝方向水平垂直的前提下确定侧颈点位置，然后修剪领口线，如图6-3所示。

（3）在领口线的作缝处剪出放射状剪口以保证领口平伏，接着固定侧颈点，如图6-4所示。

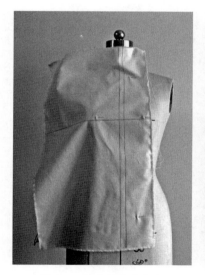  

图6-2 固定前中几个点　　　图6-3 布丝方向水平垂直　　　图6-4 修剪领口

（4）理顺肩部面料，确定肩点位置并用标记带做肩点记号，然后沿袖窿线方向外移0.3cm作为肩点附近的余量——此数据为胳膊活动量；在前片上用标记带黏贴新肩线，如图6-5所示。

（5）把前片从肩部、胸部区域向侧缝方向自然理顺，由于人体的三维结构，会自然地形成一个从人体正面到侧面的过渡，留出一定的袖窿和肩线作缝量，清剪袖窿和肩线，在袖窿线上留出胳膊活动余量后固定胸侧处，如图6-6所示（此时人台胸围线和白坯布的胸围线不会重合，以人台的胸围线为准）。因为人体是立体的，而穿着在人体上的服装的空间立体结构是通过服装的正面、正侧面、侧面、后侧面、后面等各个面构成的，所以立体裁剪非常重视对服装立体"面"的塑造，同时还要对服装的余量充分把握以满足服装的机能性，这两点都是此步骤操作中的重点，需要充分领会和实践。

（6）将前片上绘制的胸围线参考线上提，使其与人台上的胸围线完全重合，这样就形成了一个侧缝省。轻轻理顺侧缝省，根据人台形体特点寻找侧缝省省尖的最佳位置——以视觉美为准，然后沿胸围线将此省别住，如图6-7所示。

图6-5　黏贴新肩线

图6-6　塑造正、侧造型

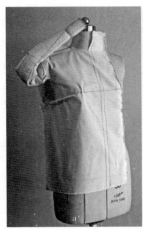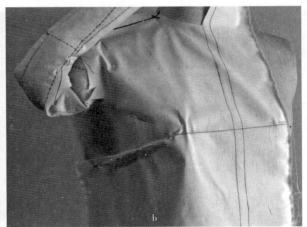
图6-7　侧缝省

（7）以经过胸点的垂直线为腰省的中心线，将腰部多余的面料理顺并全部抓起，这样就形成了腰省，然后再松开一部分抓起的腰省量，即在腰围处留出一定的松量（此腰围余量尺寸以第一章中表格1-1的计算结果为准），接着在腰围线上固定腰省，如图6-8、图6-9所示。

（8）拔出固定胸点和胸点余量的大头针，把腰省的省尖设计在胸点以下2cm左右处，用大头针顺次别出上、下两个省尖的位置。

（9）用固定胸点和胸点余量的大头针重新别合，然后用大头针把腰省全部别出来，如图6-10所示。

（10）在腋下点、臀围线和侧缝的交点处用标记线做记号，两点各让出一定的余量后再做记号，并用标记线贴出两点的连线，如图6-11所示。臀围余量的设定要考虑到人体的活动余量和内着半身裙的容积余量。

（11）为了便于后片的立体裁剪，把前片向前翻折并用大头针暂时固定，如

图6-12所示。

（12）把后片的后中心线、肩胛骨辅助线参考线与人台的对应位置重合，固定四个基础点——后颈点、臀围线与后中心线的交点、肩胛骨区域以及肩胛骨余量固定点，如图6-13所示。

（13）清剪后领口，固定侧颈点，然后整理肩胛骨区域的面料，并在肩胛骨区

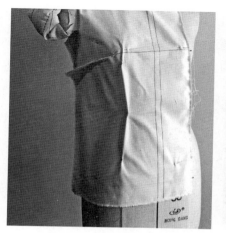

图6-8　设计腰省

图6-9　腰省与侧缝省位置关系

图6-10　固定腰省

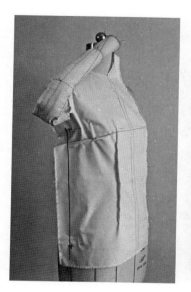

图6-11　侧缝标记线

图6-12　前片向前翻折固定

图6-13　肩胛骨区域固定

域再固定一针以保持后片上的背宽辅助线的水平状态，如图6-14所示。

（14）根据肩胛骨区域正确的布丝方向（纬线水平、经线垂直）理顺肩部布料，选择最佳的肩省位置——省尖指向肩胛骨，省底距后颈点3~3.5cm，理顺肩省，然后用大头针别出肩省，如图6-15所示。

（15）预留一定的袖窿活动余量，在肩胛骨辅助线参考线与袖窿的交汇区域把此余量用大头针固定，如图6-16所示。

（16）适当修剪袖窿处的多余布料并沿袖窿线打剪口，以利于后片后面和后侧面的塑造，然后观察后片后面和后侧面的过渡是否自然，袖窿各处的余量预留是否符合人体机能性的要求且美观协调，最后固定腋下部位和后侧面的臀围部位，如图6-17所示。

（17）确定肩点位置并用标记带做肩点记号，沿袖窿线方向外移0.5cm作为肩点附近的余量——此数据为胳膊活动量，然后留2cm做缝量清剪肩线，如图6-18所示。

（18）把前、后片的新肩线重合，利用盖叠法固定肩线，此时肩部有容纳一个手指的空间，如图6-19所示。

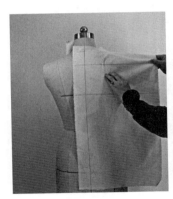

图6-14　保持后片背宽水平状态

图6-15　确定肩胛骨省

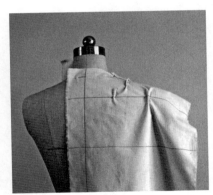

图6-16　固定袖窿

图6-17　塑造转折造型

图6-18　新肩线

图6-19　侧面造型

（19）轻轻理顺面料，使腰围处的多余面料自然形成一个腰省，用大头针别出腰省的中间最大值和上下两个省尖的位置，然后顺次别出中间各针，保证针尖与针尾相连，如图6-20、图6-21所示。初学者一定要注意省尖指向肩胛骨区域并与肩省形成顺畅的线形，省尖的位置不宜过高，以免把肩胛骨及背阔肌的面料余量别进腰省而造成余量不足、服装的机能性变

差，在别省底时要考虑到在腰围线上留适当的腰围余量，原理与前片相同。

（20）此时后片的胸围线位于人台胸围线的斜上侧，用标记线在后片上复制人台胸围线与侧缝的交点、臀围线与侧缝线的交点，然后再放出适当的余量并用标记线做记号，接着用标记线贴出两点的连线，如图6-22所示。臀围余量的设定要考虑到人体的活动余量和内着半身裙的容积余量。

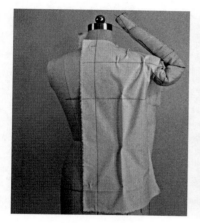

图6-20　设计腰省位置

图6-21　固定腰省

图6-22　侧面放出余量

（21）将前片和后片在侧缝处捏合理顺，使图6-12和图6-22所贴的两条侧缝辅助线标记带重合，用大头针别住腋下点和臀围线及侧缝线的交点，腰围线处做一定的收腰处理——腰围处除了前、后腰省放出一部分松量外，其余松量都在侧缝中放出，如图6-23所示。

（22）别出侧缝线，并用标记带在侧缝线上贴出腰围线的位置，如图6-24所示。

（23）用标记带贴出下摆线，如图6-25所示。

（24）设计前门襟扣子的位置，并用大头针将扣子固定在门襟上，如图6-26所示。

（25）检查立裁作品的整体效果和细节设计是否与款式图一致，特别注意面的处理、比例的分配、余量的设定、省的位置和流畅性等。

图6-23　前后片缝合

图6-24　别出侧缝线

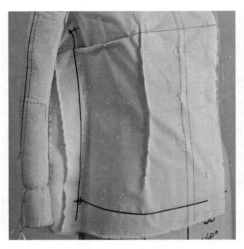

图6-25　贴出下摆线

图6-26　设计扣子位置

四、拓板、修板

拓制板型、修板并把修好的板型重新拓制在白坯布上。在修板过程中，需运用大量的平面裁剪经验知识和规律。初学者可以根据立裁结果进一步形象地理解平面裁剪的一些经验数据和画法，这就是平面裁剪和立体裁剪综合运用的妙处所在。

五、坯布组装

衬衫坯布组装。根据第二步拓制在白坯布上的最后板型线清剪作缝，作缝量为：领口为0.7～1cm，肩线和侧缝为1.5cm，袖窿不净，下摆为2.5～3cm；根据作缝和省的倒向扣烫缝合线和省——作缝和省的倒向为侧缝向前倒，肩线向后倒，肩省向领口倒，侧缝省向下倒，前、后腰省分别向前、后中心线倒，袖窿和领口的作缝不内折、留毛边，下摆内折；扣烫完毕后用大头针别合省和前后片，因为有收腰设计，所以在腰围线上的侧缝和省出打小剪口并适当归拔；最后把组装完毕的衬衫穿在人台上观察立体裁剪作品是否

符合设计图要求、是否满足人体的机能性、是否比例协调并体现人体的美感等。

六、短袖制作

（1）如图6-27所示，在平面上根据大身完成板绘制短袖的纸样，把袖备布上的参考线与袖纸样上的对应线重合，将袖纸样的外轮廓线拓制在袖备布上，并预留作缝量清剪短袖布片，运用组装的原理和针法将袖子别合成桶状——作缝朝向袖子内侧，袖缝处斜向别针，袖口垂直别针。

（2）把人台手臂拉起固定在人台颈部，将短袖的腋下点与大身的腋下点重合并固定，将短袖腋下点附近的袖山曲线与大身对应处的袖窿曲线重合，在腋下点固定位置左右再各固定一针，如图6-28所示。

（3）把手臂从短袖中穿出，如图6-29所示；将短袖的肩点参考点与大身的肩点重合并固定，作缝朝内，如图6-30所示；把短袖袖山部分的作缝内折，贴合在大身的袖窿线上，如图6-31所示。

（4）用大头针将袖山和袖窿别合，别合时注意吃量别合区间的设定和吃量别合的均匀性，以保证肩头和袖型的饱满、大身与短袖缝合线的顺畅以及袖子的平衡与方向性，如图6-32所示。

（5）如果大身与短袖的缝合效果不

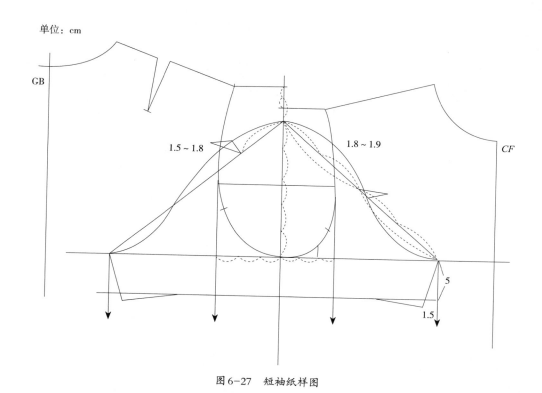

图6-27　短袖纸样图

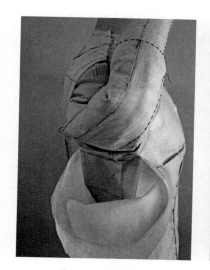

图6-28　固定腋下

图6-29　固定肩点

图6-30　袖子固定步骤

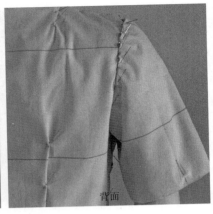

图6-31 袖子固定针法

图6-32 袖子组装图

理想，可以适当调整袖窿曲线、袖山曲线以及吃量，直至与款式图所示效果相符为止；然后将最终的袖窿曲线和袖山曲线以及吃量结果用标记笔做好标记，拆下袖子和大身，拓制调整后的线形并进行修正，最后将完成板反拓回坯布上，并将袖子组装在大身上。

七、立领和口袋制作

立领的制作原理和步骤详见第五章第一节；裁剪熨烫口袋布并用大头针固定于大身前片的恰当位置，如图6-33所示。

至此，衬衫的立体裁剪结束，最后组装结果如图6-34所示。本款衬衫的完成图见附录二（附录图2-7）。

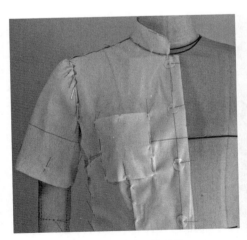

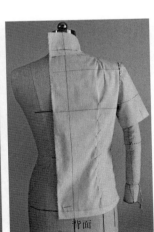

图6-33 设计口袋位置

图6-34 衬衣完成图

第二节　宽松衬衫结构设计及立裁方法

一、款式分析

图6-35所示衬衫的款式、结构具有如下特点：

（1）宽松女衬衫，前身为两片对称式，后片为一片式，无后中心线破缝。

（2）衬衣领结构。

（3）一片式宽松长袖。

（4）前片无胸腰省，后片两个褶。

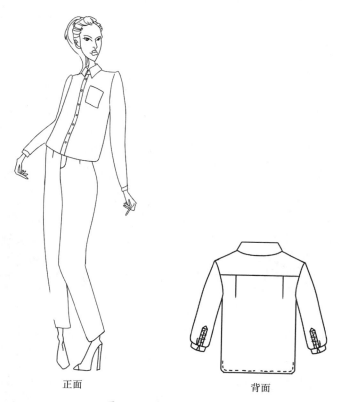

正面　　　　　　　　　　　　　背面

图6-35　宽松衬衫款式图

二、坯布准备

根据以上分析和人台的具体尺寸准备坯布并熨烫整理，见附录一（附录图1-8）。

三、操作步骤

根据此款衬衫的效果图进行立体裁剪实践，步骤如下：

（1）根据效果图分析，此款衬衫的搭门量为1.5cm，所以在前片上的前中心线外侧距其1.5cm处画一平行线，此线段为前门襟外边缘线；把坯布上的参考线与人台上的对应线重合，固定前片几个基础点，如图6-36所示。

（2）在保证胸宽处的布丝方向水平垂

直的前提下确定侧颈点位置，然后修剪领口线。理顺肩部面料，确定肩点位置并用标记带做肩点记号，然后沿袖窿线方向外移0.3cm作为肩点附近的余量——此数据为胳膊活动量；在前片上用标记带黏贴新肩线，如图6-37、图6-38所示。

（3）将前片从肩部、胸部区域向侧缝方向自然理顺，由于人体的三维结构，会自然地形成一个从人体正面到侧面的过渡，留出一定的袖窿和肩线作缝量，清剪袖窿和肩线，在袖窿线上留出胳膊活动余量后固定胸侧处，如图6-39所示。

（4）在腋下点、臀围线和侧缝的交点处用标记线做记号，两点各让出一定的余量后再做记号，并用标记线贴出两点的连线，如图6-40、图6-41所示。臀围余量的设定要考虑到人体的活动余量和内着半身裙的容积余量。

（5）将后片（育克部分）的后中心线、肩胛骨辅助线参考线与人台的对应位

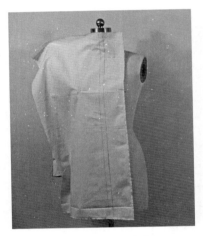

图6-36　固定前片

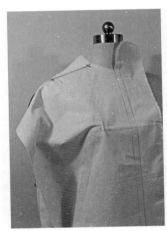

图6-37　设计新肩线

图6-38　设计肩点余量

图6-39　固定胸侧处

图6-40　塑造侧面造型

图6-41　侧线标记线设计

置重合，并固定几个基础点——后颈点、后中心线、后颈点等，如图6-42所示。

（6）清剪后领口，固定侧颈点，整理肩胛骨区域的面料，确定肩点位置并用标记带做肩点记号，沿袖窿线方向外移0.5cm作为肩点附近的余量——此数据为胳膊活动量，然后留2cm作缝量清剪肩线，设计育克线位置，如图6-43所示。

（7）将后片与育克线重合，固定后中并设计工字褶，如图6-44、图6-45所示。

（8）此时后片的胸围线位于人台胸围线的斜上侧，用标记线在后片上复制人台胸围线与侧缝的交点、臀围线与侧缝线的交点，然后再放出适当的余量并用标记线做记号，接着用标记线贴出两点的连线，如图6-46所示。臀围余量的设定要考虑到人体的活动余量。

（9）将前片和后片在侧缝处捏合理顺，前后两条侧缝辅助线标记带重合，用大头针别住腋下点和臀围线及侧缝线的交点，如图6-47所示。

图6-42　后中固定

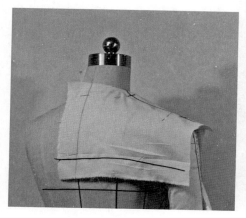

图6-43　设计小肩及育克线

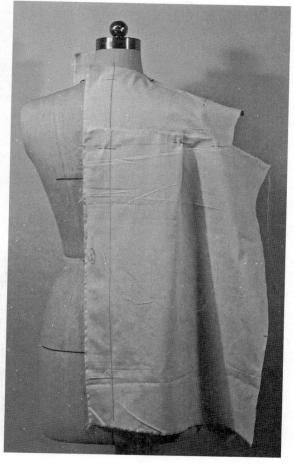

图6-44　后片与育克线重合

（10）用标记带贴出下摆线，如图6-48所示。

（11）设计前门襟扣子的位置，并用大头针将扣子固定在门襟上，如图6-49所示。

（12）检查立裁作品的整体效果和细节设计是否与款式图一致，特别注意面的处理、比例的分配、余量的设定、省的位置和流畅性等。

图6-45　育克线部分

图6-46　塑造造型

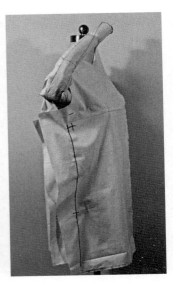
图6-47　捏合前后片

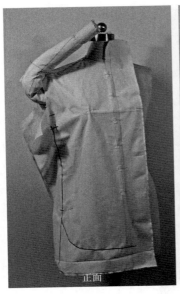
正面

背面

图6-48　设计下摆线

图6-49　设计扣子位置

四、拓板、修板

拓制板型、修板并把修好的板型重新拓制在白坯布上，方法同前一节所述。初学者可以根据立裁结果进一步形象地理解平面裁剪的一些经验数据和画法，衬衣领可以按照平面裁剪法进行制作，也可以根据第五章立领和翻领的原理进行立体裁剪。同时裁剪熨烫口袋布并用大头针固定于大身前片的适当位置，方法同第六章第一节衬衣口袋的制作。至此，衬衫的立体裁剪结束，最后组装结果如图6-50所示。本款的完成板见附录二（附录图2-8）。

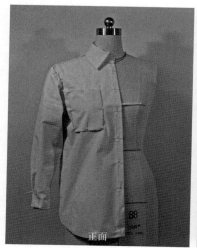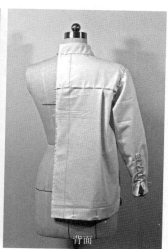

图6-50　宽松衬衫完成图

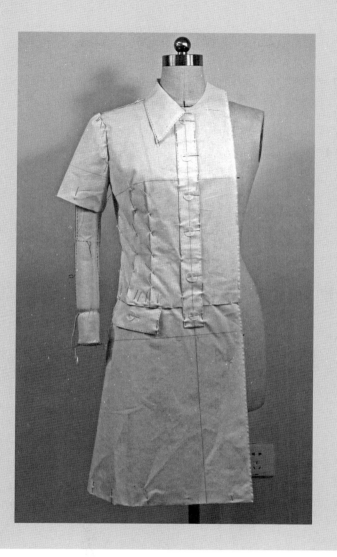

主要知识点

- 人体的立体结构及其对裙装结构的影响
- 筒裙、斜裙、摆裙、分体式连衣裙和连体式连衣裙的立体裁剪方法
- 裙装的余量设计
- 裙装的立体造型处理（省、褶、破缝线等）
- 裙装的立体裁剪规律在设计实践中的应用
- 袖（短袖、箱型长袖）的平面制板与立体裁剪实践
- 企领的立体裁剪

　　裙装的结构主要受腰臀三维构成的影响，而腿部的运动规律是影响裙纸样形态的关键。我们可以通过人台和立体裁剪方法充分理解人体的腰臀差、腰部的空间形态、腹臀部的曲面特点等复杂的人体构成，并由此总结出裙装的结构特点和规律，设计出结构合理、款式独特、形态优美的裙型。

第一节　筒裙的结构设计及立裁方法

一、款式分析

　　如图7-1所示是一款传统的筒裙，其款式、结构具有如下特点：

　　（1）由三片布片构成：前片一片，后片两片，后中心线为破缝线。

　　（2）裙型为箱型，较合体，前后各四个腰省。

　　（3）独立的腰头设计。

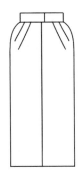

正面　　　　　　　　　　背面

图7-1　筒裙款式图

（4）裙长在膝盖附近，后中心线上部设计拉链以便于穿脱，后中心线下部设计开气以便于行走。

二、坯布准备

根据以上分析和人台的具体尺寸准备坯布并熨烫整理，见附录一（附录图1-9）。

三、操作步骤

（1）将前片上的前中心线、腰围线、臀围线三条参考线与人台上的对应线一一重合并固定前中心线与腰围线、臀围线的交点区域，如图7-2所示。

（2）在保证前片臀围线参考线与人台臀围线重合的情况下，将前片臀围线上距布边2cm的参考点贴合在人台侧缝线上并在其附近固定，如图7-3所示，这样能够保证臀围线上的预留余量均匀地分布在人体的前半侧。

（3）根据髋骨、腰腹的形态确定前片右侧两个腰省的位置和大小，然后理顺省形，用大头针别住省底和省尖，如图7-4所示，省的位置、长度和斜度设计非常重要，它对于人体体态的美化有着重要的作用，例如，前片两省省尖一般做略向体侧倾斜的设计以体现细腰丰臀，但斜度的设计非常微妙，斜度过大会产生大腹便便的视错觉。最后用大头针别出两个完整的腰省，如图7-5所示。

（4）后腰节下降0.7~1cm，用标记线黏贴新的筒裙后腰围线，如图7-6所示。

（5）将后片上的后中心线、腰围线、臀围线三条参考线与人台上原始的三条对应线一一重合并固定。

（6）与前片原理相同，将后片臀围线上距布边2cm的参考点贴合在人台侧缝线上并在其附近固定，设计并用大头针别出后片上的腰省，如图7-7所示。为了突出丰满的臀部，后片腰省不宜过长。

图7-2　固定前中心线与腰围线　　图7-3　臀围处预留余量均匀　　图7-4　别住省底和省尖

（7）参照人台的侧缝线把前后两片布别合，如图7-8所示。别合侧缝线时，布片腰部没有余量，而臀围线的别合点因为在距布边2cm处，所以臀围线上均匀分布着余量，腰围到臀围之间的曲线根据腰围线和臀围线上的别合点以及人台的自然曲线设计别合，曲线曲度不宜过大，要自然流畅。

（8）别合臀围线以下的侧缝线，如图7-9所示。因为筒裙臀围线以下为箱型，所以臀围线以下的侧缝线只需垂直别合，即所有大头针距布边都为2cm。

（9）用标记带或铅笔标出底摆线位置、开气高度和拉链截止位置。筒裙的底摆线是一条垂直于前后中心线和侧缝线的水平线，所以我们可以在前中心线上取一点作为底摆参考点，然后在取下布料后根据这一点画完整的底摆线，也可以采用在布料上距地面相等距离的位置描画多点，然后取下布料将这些点用线段和曲线连接的方法确定底摆位置。第二种方法适用于绘制所有裙装的底摆线。本款筒裙长及膝盖，裙型合体，所以需要设计开气以便于腿部运动。

图7-5　腰省

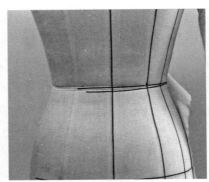
图7-6　后腰节下降

图7-7　后腰省

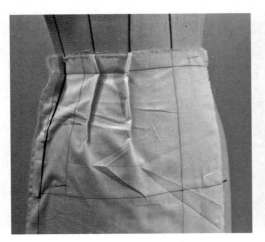
图7-8　别合腰部侧缝线

图7-9　别合臀围线以下侧
　　　　缝线

四、拓板、修板

用标记笔在白坯布上做标记后，拆下白坯布拓制样板、修板，最后把完成板反拓在白坯布上，留出适当作缝，清剪布片。在给后片腰围线做标记时，应描画修正过的腰围线，即后腰节下降0.7~1cm的新腰围线；其次，需用铅笔明确画出后中心线上的拉链止点。筒裙完成板见附录二（附录图2-9）。

五、坯布组装

进行筒裙的组装，如图7-10所示。筒裙大身组装的重点在于针法的运用，例如，侧缝线臀围线以下为水平别针、底摆位置为垂直别针、腰省为斜向别针等。另外，大身别合完毕后，将提前准备好的腰带坯布扣烫，用大头针在缝合线处别合，注意搭门位于后中心线上。

正面　　　　　　　背面　　　　　　　侧面

图7-10　筒裙完成图

第二节　斜裙的结构设计及立裁方法

一、款式分析

如图7-11所示斜裙的款式、结构具有如下特点：

（1）由三片布片构成：一片前片，两片后片，后中心线为缝合线。

（2）裙型为A字型，腰部合体，无省设计。

（3）独立腰头设计。

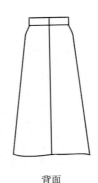

正面   背面

图7-11 斜裙款式图

（4）裙长在膝盖附近，后中心线上设计拉链以便于穿脱。

二、坯布准备

根据以上分析和人台的具体尺寸准备坯布并熨烫整理，见附录一（附录图1-10）。

三、操作步骤

根据此款斜裙的效果图进行立体裁剪实践，步骤如下：

（1）将前片上的前中心线、腰围线、臀围线三条参考线与人台上的对应线一一重合并固定前中心线与腰围线、臀围线的交点区域，将前片顺畅地围绕人台腰部1/4周，至人台侧缝线别合，如图7-12所示。此款斜裙是无腰省设计，所以前片面料在腰围线与半臀围之间要轻轻地与人台贴合，做到既无余量也不紧绷，前片在半臀围以下的面料沿半臀围以上的斜度自然散开，呈"A"字型。本步骤重点是前片要以髋骨为中心做出正面和正侧面的立体转折效果，而且此转折要符合人体结构特点且自然流畅，如图7-13所示。

（2）用标记带黏贴斜裙的侧缝线，如图7-14所示，斜裙的侧缝线位置设定要做到以下三点：一是面对人台正面观察斜裙时看不到侧缝线；二是从侧面观察斜裙时侧缝线均匀地分割裙型，充分体现人体的美感；三是侧缝线位于斜裙的侧面之中，侧缝不能成为面料的转折线，也就是说斜裙前片的转折线应位于前侧面。

（3）后腰节下降0.7～1cm，用标记线黏贴新的斜裙后腰围线，与前片同理，完成后片的立体裁剪；将前后衣片在侧缝处重合，别合侧缝线，如图7-15所示。斜裙前、后片上的臀围线在前、后中心线附近

与人台的对应线重合，但随着面料向侧缝方向过渡，布丝慢慢斜向下行，在侧缝线处，布片上的臀围线处在人台臀围标记线之下，如图7-16所示。

（4）用标记带或铅笔标出底摆线和后中心线上的拉链止点位置，如图7-17所示。

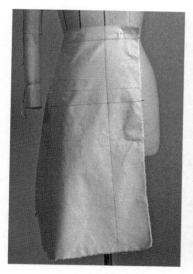

图7-12　固定前中心线与腰围线

图7-13　侧面的立体转折效果

图7-14　黏贴斜裙侧缝线

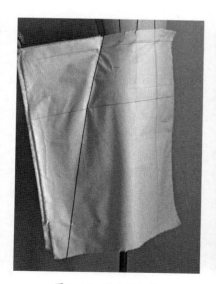

图7-15　别合侧缝线

图7-16　侧面效果

图7-17　设计裙子长度

四、拓板、修板

用标记笔在白坯布上做标记后，拆下白坯布拓制样板、修板，最后把完成板反拓在白坯布上，留出适当作缝，清剪布片。在做标记的过程中，注意斜裙的后腰线要按照后腰节下降0.7～1cm的新腰围线描画，在修板时，要将前后腰围线修正成顺畅的曲线。另外，底摆线应具有明显的起翘。此款斜裙的完成板见附录二（附录图2-10）。

五、坯布组装

进行斜裙的组装，如图7-18所示。利用立体裁剪方法设计斜裙的优势主要在于可以根据不同的形体特点设计出立体感强的廓型。立体裁剪可以灵活处理斜裙正面、正侧面、侧面、后侧面、后面的立体转折过渡。最后将提前准备好的腰带坯布扣烫，用大头针在组装好的斜裙大身腰带缝合线处别合，注意搭门位于后中心线处。

正面　　　　　　　　侧面　　　　　　　　背面

图7-18　斜裙完成图

第三节　摆裙的结构设计及立裁方法

一、款式分析

如图7-19所示摆裙的款式、结构具有如下特点：

（1）由三片布片构成：一片前片，两片后片，后中心线为破缝线。

（2）裙型腰部合体，无省设计，大摆廓型。

（3）前、后片左右各有两个波浪大褶。

（4）独立腰头设计。

（5）裙长在膝盖附近，后中心线设计拉链以便于穿脱。

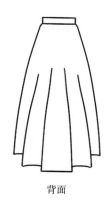

正面　　　　　　　　　背面

图7-19　摆裙款式图

二、坯布准备

根据以上分析和人台的具体尺寸准备坯布并熨烫整理，见附录一（附录图1-11）。

三、操作步骤

根据此款摆裙的效果图进行立体裁剪实践，步骤如下：

（1）后腰节下降0.7~1cm，用标记线黏贴新的摆裙后腰围线，将前片上的前中心线、腰围线、臀围线三条参考线与人台上的对应线一一重合并固定前中心线与腰围线、臀围线的交点区域，因为摆裙前片的幅面较宽，所以先将面料松散地围在人

台身上并在侧缝暂时固定。

（2）根据效果图中第一个大褶（距离前中心线近）的位置在腰围线以上垂直剪一剪口，如图7-20所示。因为摆裙的真实腰围线在坯布腰围参考线之上，所以在剪剪口时一次不宜剪得过深。

（3）轻轻推平腰线附近的面料，以剪口开始点为基点旋转面料，使剪口张开而裙摆产生大的波浪。

（4）调整褶的状态以及满足效果图要求，然后在剪口附近固定腰围线，如图7-21所示。

（5）同理，做出前片上的第二个大褶并固定，然后沿着面料的走势将前片推

至侧缝处，在保证腰围线面料平整的前提下固定腰围线与侧缝线的交点，接着将面料适量地往人台前侧赶，在侧缝处形成一个波浪褶，前片侧缝线位于波浪褶的凹陷处，以人台侧缝线为参考线在前片上黏贴出摆裙侧缝线，如图7-22所示。

（6）同理，做出摆裙的后片。

（7）将摆裙的前后片在侧缝处合并

在一起，理顺前后片面料，保证摆裙前、后、侧各面自然优美的立体造型效果。沿前片上的侧缝标记线别合侧缝线，侧缝线位于侧缝波浪褶的凹陷处，从前、后两面无法看见侧缝缝合线，如图7-23所示。

（8）用标记带或铅笔标出底摆线和后中心线上的拉链止点位置。

图7-20　固定前片　　　　图7-21　设计褶量　　　　图7-22　黏贴侧缝线　　　　图7-23　别合侧缝线

四、拓板、修板

用铅笔在白坯布上做标记后，拆下白坯布拓制样板、修板，最后把完成板反拓在白坯布上，留出适当作缝，清剪布片。在做标记的过程中，摆裙腰线上的标记点要沿着人台上的腰围线细密地拓制，后腰线要按照后腰节下降0.7~1cm的新腰围线描画，摆裙完成板中的腰线为带折角的曲线段，折角位置位于剪口处，每个剪口对应着一个固定的大型波浪褶。另外，因为摆裙下摆量太大，所以下摆的作缝应尽可能地窄一些。本款摆裙完成板见附录二

（附录图2-11）。

五、坯布组装

进行摆裙的组装，如图7-24所示。利用立体裁剪方法设计摆裙的优势主要在于可以充分体会面料的悬垂特性，塑造出立体感强的廓型。立体裁剪可以直观、灵活地处理摆裙正面、正侧面、侧面、后侧面、后面的立体转折过渡和褶饰的位置及大小。最后将提前准备好的腰带坯布扣烫，用大头针在组装好的摆裙大身腰带缝合线处别合，注意搭门位于后中心线处。

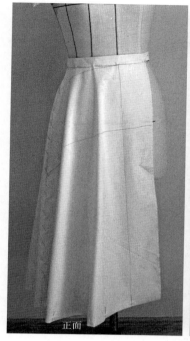

正面　　　　　　　　　侧面　　　　　　　　　背面

图7-24　摆裙完成图

第四节　分体式连衣裙设计及立裁方法

一、款式分析

如图7-25所示，分体式连身裙款式、结构分析：

（1）前后身均为左右对称式，前中心线为半截门襟设计（上着六粒扣），无后中心线破缝。

（2）一片式衬衫领。

（3）一片式宽松短袖。

（4）腰围线收腰处理，低腰款式——腰部破缝约在半臀围处。

（5）前片左右各两个腰省，后片左右各一个肩省、两个腰省，前后片腰省下端截止于腰部破缝线处。

（6）腰部破缝线上设有带盖（有扣）口袋。

（7）下部裙型为A字型。

（8）前门襟和口袋盖上设有明线装饰。

（9）余量适中，通过前门襟上的扣子设计完成穿脱动作。

二、坯布准备

根据以上分析和人台的具体尺寸准备坯布并熨烫整理，见附录一（附录图1-12）。

正面　　　　　　　　　背面

图7-25　分体式连衣裙款式图

三、操作步骤

根据此款连身裙的效果图进行立体裁剪实践，步骤如下：

（1）设计出半臀围附近的破缝线位置，并用标记带在此位置做记号，将前片中的参考线与人台上的对应标记线重合，固定前片五个基础点——前中心线与领围线交点、左胸点、右胸点、右胸点处的余量固定点以及前中心线与腰围的交点（此点也可固定于腹部位置），如图7-26所示。

（2）在保证胸宽处布丝方向水平垂直的前提下确定侧颈点位置，如图7-27所示。

（3）修剪领口线，固定侧颈点，理顺肩部面料，确定肩点位置并用标记带做肩点记号，然后沿袖窿线方向外移0.3cm作

为肩点附近的余量——此数据为胳膊活动量，在前片上用标记带黏贴新的肩线，清剪肩线外多余的面料；粗剪袖窿，塑造人体胸部和袖窿区域的转折面，在袖窿线上留出胳膊活动余量后固定胸侧处，如图7-28所示。

（4）使人台侧面的面料贴合身体、自然下垂，这时面料余量部分都集中在腰围线上，然后在人台侧面固定面料，如图7-29所示。

（5）拔出固定胸点和胸点余量的两针后，轻轻地将腰围线处多余的面料整理成两腰省，明确两个腰省的位置、长度、大小和走向，然后在腰围线上留出适当余量，分别别出两个腰省的起点、终点和省量最大处，如图7-30所示。

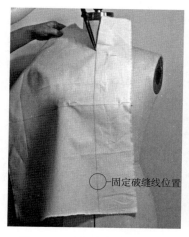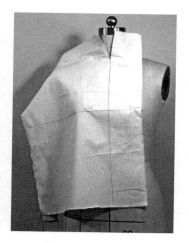

图7-26　固定前片五个基础点　　　　　　图7-27　确定侧颈点

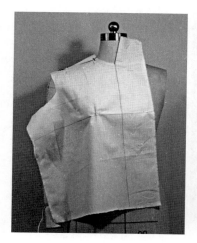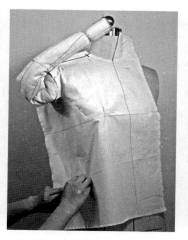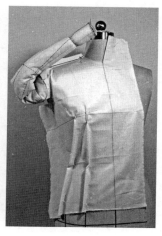

图7-28　塑造人体胸部和袖窿区　　　图7-29　侧面固定　　　　图7-30　设计两个腰省
　　　　　域的转折面

（6）用大头针别出两个腰省的完整省型后，把固定胸点和胸点余量的大头针重新别回原位，如图7-31所示。

（7）根据效果图确定破缝线位置，掀起前片，在人台侧缝线上贴出分体连身裙上下连接的破缝线位置，然后将前片重新贴附在人台上并保持面料的自然平整，如图7-32所示。

（8）在前片上用标记带复制黏贴人台侧缝线上的腋下点和破缝线点，然后在这

两点处各放出适当余量，用标记带黏贴放出余量后的新的侧缝线，注意新的侧缝线具有收腰的效果，如图7-33所示。在黏贴新侧缝线时，要注意核算前片各部分余量是否设计合理，如果余量略少，可增加侧缝线上的余量以补足前片的总余量；如果所留余量过少，需重新调整前片两省和胸凸余量的大小，以保证各部分所留余量比例和谐；如果所留余量过多，需重新调整前片两省和胸凸余量的大小，因为余量过

多虽然能够满足人体活动量的需要，但是过多的余量将会造成服装稳定性的下降，且会使服装的造型与设计图产生较大的偏离。因为服装效果图显示的连身裙余量适中、较为合体。

（9）把后片的后中心线、肩胛骨辅助线参考线与人台的对应位置重合，在后中心线和腰围线交点处做0.7cm的收腰处理，为了使面料平整，可以在收腰处打一剪口，如图7-34所示。

（10）保持肩胛骨区域面料经纬线垂直水平的前提下固定后片基础点——后中心线与领围线的交点、腰围线与后中心线的交点、破缝线与后中心线的交点、肩胛骨区域、肩胛骨余量的固定点以及背宽处袖窿余量固定点，重新校准布丝方向后确定侧颈点，清剪领口线，固定侧颈点和肩点，别出肩省，用标记带黏贴留有0.5cm肩点余量的新肩线，将前后片的新肩线重合并运用盖叠法连接固定，此时肩点处

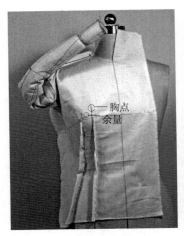

图7-31　固定完整腰省

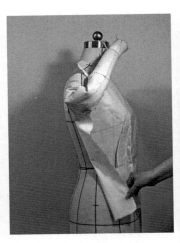

图7-32　侧面效果

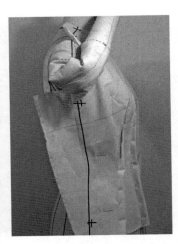

图7-33　侧缝线

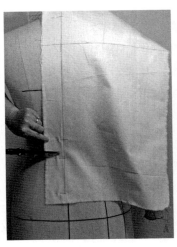

图7-34　固定后中

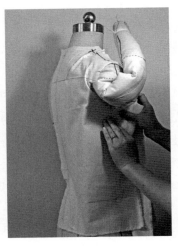

图7-35　塑造侧面

的余量空间可以容纳一个手指在其中自由滑动，如图7-35所示。

（11）首先，适当修剪袖窿处的坯布并打出剪口，塑造后片的正后面和侧面以及两个面的过渡区域并用大头针固定，要做到过渡自然且侧面面料经纬线保持垂直水平。其次，由于手臂向前活动多于向后

活动，所以后片预留的袖窿余量应大于前片袖窿余量。然后，根据款式图所绘服装效果设计后片两个腰省的位置、大小、方向等，在设计两腰省时要注意四点：一是由于后中心线无破缝处理，所以两腰省的距离不可过远；二是距离后中心线近的腰省走向和肩省的走向需设计在一条顺畅的曲线上；三是后片两腰省的省尖设计不易过高，防止预留的肩背余量变小影响穿着的舒适性；四是向下的省尖消失于破缝线处。最后，在腰省处留出一定的腰部余量并用大头针别出腰省的形状，如图7-36和

图7-37所示。

（12）在后片上用标记带复制黏贴人台侧缝线上的腋下点和破缝线点，在这两点处各放出适当余量，用标记带黏贴放出余量后新的侧缝线。注意新的侧缝线应具有收腰的效果。另外，在黏贴新侧缝线时，要注意核算后片各部分余量设计是否合理，如果不合理，应按照前片的修正规律进行修正。然后将前后片的新侧缝线重叠在一起，用大头针别合，如图7-38所示。

（13）用标记带黏贴腰围线各处的标记点和破缝线，如图7-39～图7-41所示。

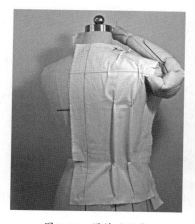

图7-36　设计后腰省

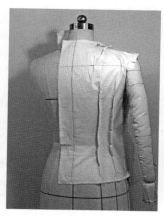

图7-37　确定后腰省

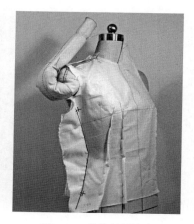

图7-38　重叠新侧缝线

图7-39　设计前下摆

图7-40　设计后下摆

图7-41　腰围标记点

（14）将前裙片上的前中心线、臀围线参考线与人台上的对应线一一重合，运用本章第二节所讲的斜裙立体裁剪原理制作本款连身裙破缝线以下的裙型（包括前、后裙片），制作步骤与效果如图7-42～图7-49所示。在制作破缝线以下的裙型时，要注意下裙呈A字型，且张开的角度是沿着破缝线以上的展开趋势发展而来的，务必保证整个裙型在各个方向上线条的连贯、流畅。另外，从款式图后片可知，此款连身裙无下端开气，所以裙摆张开幅度和长短的设计一定要满足腿部活动需要。

（15）根据效果图设计前中心线处门襟的宽窄和长度，以及扣子的大小和位置。

图7-42　固定前下片

图7-43　侧缝线

图7-44　前侧面造型

图7-45　背面造型

图7-46　侧面造型

图7-47　两片固定

图7-48　背面固定造型

图7-49　设计裙长

四、拓板、修板

拓制板型、修板并将修好的板型重新拓制在白坯布上，此款连身裙的完成板见附录二（附录图2-12）。

五、坯布组装

分体式连身裙大身坯布的组装。根据拓制在白坯布上的最后板型线清剪作缝并组装，在组装过程中，应将独立的门襟布用大头针别合在大身前中心线处，并且明确绘制出门襟上的明线标示，扣子固定于此门襟上，破缝线处的作缝向上倒，其他各部分的组装与前面各章中款型的组装方法相同。

六、短袖和兜盖制作

短袖的制作参见第六章衬衫短袖的制作原理与步骤。在兜盖布上绘制兜盖形状，整理扣烫作缝，别合在破缝线上，为了兜盖的平整美观，在别合时应设计一定量的兜盖吃量，一般为0.5cm。

七、企领的制作

企领的制作原理、步骤与第四章第三节翻领的企领部分制作相同。首先将领片裁掉一小条，如图7-50所示，将领子备布的垂直参考线和水平参考线分别与大身上的后中心线和后领口线重合，沿领口线在后中心线与领口线交点及其左右两侧且距其2~2.5cm处水平固定三针，根据企领特点整理领子领座部分的形状，将布料由后颈点沿领口线轻轻向侧颈点推，使布料围

绕颈部且与颈部平行或稍向颈部倾斜，颈部与领子空隙约留一手指空间距离，边推边沿领口线固定，如图7-51所示。然后折下领面部分，按照效果图要求设计领面的宽窄并折叠面料在后中心线左侧固定，如图7-52所示，顺着颈部整理领型，直至前颈点，明确翻折线和领面边缘，固定前颈点，如图7-53所示，观察领型是否美观流畅，符合效果图要求后，再将企领部分翻起，用针沿领口线将领子固定在大身上，如果领子上有余量，沿领口线往下赶，如图7-54所示，如果领口线和领座在别合时无法平整，可适当在领口线的作缝部分剪一些剪口以缓释面料应力。接着再把领子沿翻折线翻下，根据效果图设计领面大小和形状，用标记线贴出企领形状，如图7-55所示。最后用标记笔在领片上做好标记点，拆下领片，修板，并将完成板返拓回白坯布上，留出1cm作缝量，清剪企领领型，并组装于大身之上，如图7-56所示。

至此，此款分体式连衣裙的组装全部完成，组装结果如图7-57所示。

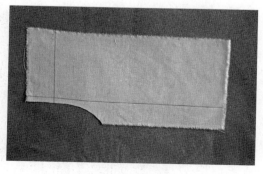

图7-50　企领备布

图7-51　固定领后中

图7-52　设计领面造型

图7-53　设计前领面造型

图7-54　侧面效果

图7-55　黏出领面造型

图7-56　侧面立体效果

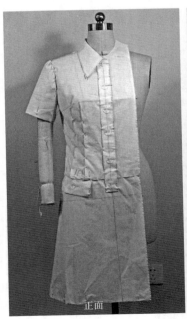

正面

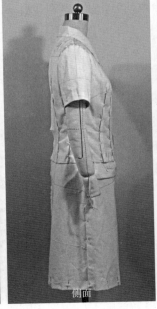

侧面

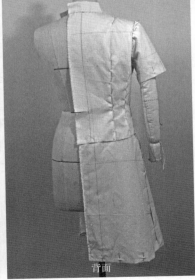

背面

图7-57　分体式连衣裙组装完成图

第五节　连体式连衣裙设计及立裁方法

一、款式分析

如图7-58所示是一款省形特殊的连体式连衣裙，其款式、结构具有如下特点：

（1）前后身均为两片对称式，前片为一片式，后片为两片式，后中心线破缝。

（2）小翻折立领。

（3）一片式箱型长袖，肘部到袖口设有破缝省。

（4）腰围线收腰处理。

（5）前片、后片刀背弯省设计。

（6）下摆处于膝盖位置。

（7）后中心线设有拉链以便于穿脱。

正面

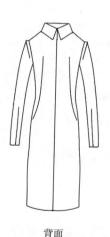

背面

图7-58　连体式连衣裙款式图

二、坯布准备

根据以上分析和人台的具体尺寸准备坯布并熨烫整理，见附录一（附录图1–13）。

三、操作步骤

根据此款连衣裙的效果图进行立体裁剪实践，步骤如下：

（1）根据效果图所示在人台上的相

应位置用标记带贴出刀背弯省设计线，因为后片刀背弯省臀围处必须通过吃势产生作缝，所以此处弧度要大，如图7-59和图7-60所示。

（2）用斜丝坯布裁剪大、小各两片半圆形垫肩布，如图7-61所示重叠并固定在人台肩部，用标记线重新黏贴肩线和袖窿线，如图7-62所示。

（3）将前片上的胸围线和前中心线参考线与人台上的对应线一一重合（坯布上的胸围线辅助线在前中心线至胸点区域与人台上的对应线重合，超过胸点后渐渐向下倾斜、远离人台胸围线），固定前颈点、两胸点和胸点余量固定点、前腹部区域固定点；在保证胸部面料经纬线垂直水平的

图7-59　正面刀背弯省设计线

图7-60　背面背弯省设计线

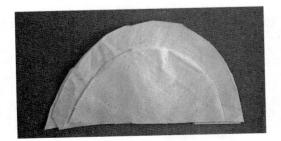

图7-61　坯布裁剪垫肩布

前提下确定侧颈点，修剪领口线，固定侧颈点；理顺肩部面料并固定肩点，塑造出胸围线以上区域的转折过渡面，在袖窿处留出适当的活动余量并固定，预留3～4cm的作缝量、粗略地修剪出袖窿形状，如图7-63所示。

（4）将前片上的臀围线参考线与人台上的臀围线重合（面料臀围线处要含有一定的余量），并在臀围线与侧缝线的交汇区域固定，接着参照人台上的参考线在白坯布上黏贴出刀背弯省的形状，注意人体胯部要黏贴出一定的吃势效果，如图7-64所示。

（5）沿设计线靠近侧缝的一侧剪开，剪开至距设计线顶端2cm停止。设计线处的作缝不要留得太大，只需保证弯省能够别合稳定即可，如图7-65所示。

（6）让侧缝线处的布片自然垂直落下，塑造出腰围处的收腰效果，固定侧缝，将设计线之下的面料往前推少量做出A字裙效果，然后固定弯省末端，如图7-66所示。

（7）把左手垫在面料下边，右手用大头针从弯省末端逆势向上别合省型，将腰围处的面料适当拔开以保证弯省的收腰自然，并将设计线上的吃势均匀地别合在胯部，如图7-67所示。

（8）在白坯布上用标记带复制肩线，黏贴放出适当余量的侧缝线以及设计线上的收腰位置，如图7-68所示。

（9）将后片上的后中心线和肩胛骨辅助线参考线与人台上的对应线一一重合，腰围线上做出1cm收腰的效果，在腰围线处打水平剪口以使腰围处的面料自然贴

体，固定腰围线与后中心线交点，然后理顺腰围线以下面料，使坯布上的后中心线参考线与人台上的后中心线平行，固定臀部区域；接着在肩胛骨区域经纬线垂直水平的前提下，修剪领口线，固定侧颈点和肩胛骨及其余量，如图7-69所示。

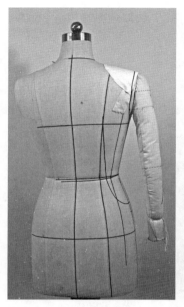

图7-62　重新黏贴肩线和袖窿线

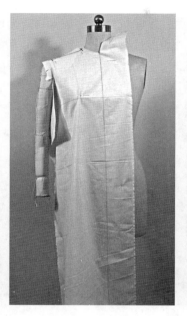

图7-63　塑造立体造型

图7-64　坯布上黏贴刀背形状

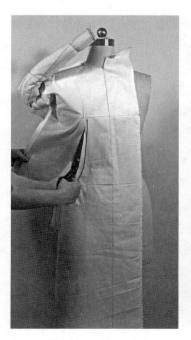

图7-65　刀背造型

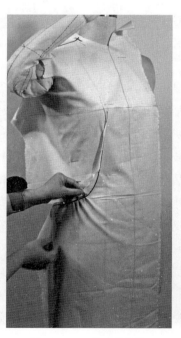

图7-66　刀背处做设计

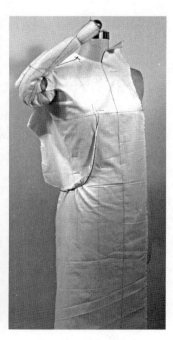

图7-67　别合刀背线

（10）理顺肩部面料，修剪肩部多余布料，固定肩点，用标记带在面料上复制出人台上的肩线，此时肩胛骨至袖窿处的参考线会略向下倾斜，接着将坯布上的臀围线参考线与人台上的臀围线重合（面料臀围线处要含有一定的余量），在臀围线与侧缝线的交汇区域固定，如图7-70所示。

（11）与前片的制作原理相同，用标记带贴出后片刀背弯省设计线，清剪袖窿，留出适当的作缝量沿设计线剪开，使设计线与侧缝之间的小片自然下落，预留出袖窿、肩胛骨等处的余量后塑造服装后面和后侧面的自然过渡，设计出腰围处的收腰效果，固定侧缝，如图7-71所示。

图7-68　黏贴侧缝线　　　图7-69　固定后片　　　　图7-70　塑造侧面造型　　　图7-71　设计背面刀背线

（12）与前片的制作原理相同，别合后片的刀背弯省，如图7-72所示。

（13）设计后片的侧缝线并用标记带黏贴余量标记和收腰位置，检查前、后片的胸围、腰围及臀围各处的余量设计是否合理；如不合理则进行修正，如图7-73所示。

（14）将前、后片沿肩线和侧缝线别合，注意前后刀背弯省应在侧缝线处相连，且应保证设计线在各个面上的美观和流畅，如图7-74所示。

（15）根据效果图和穿脱要求设计后中心线处拉链的截止位置。

四、拓板、修板

拓制板型、修板并将修好的板型重新拓制在白坯布上，此款连身裙的完成板见附录二（附录图2-13）。连身裙大身坯布的组装原理与本章第四节相同。

五、箱型长袖的立体裁剪

（1）将袖备布披在人台肩部和手臂上，袖备布上的垂直参考线与手臂上的标记线重合，水平参考线距离肩点14～15cm，围绕手臂一周，设计袖子的肥度，袖备布上水平参考线在腋下汇合，在汇合点处做记

图7-72　别合后片刀背线

图7-73　侧面造型

图7-74　前后刀背线造型

号；展开袖备布，以其上的水平参考线为落山线、垂直参考线为袖中线、水平参考线上的汇合点为腋下点，运用平面打板的方法在纸上绘制落山线以下带省的袖型，然后将袖型拓回袖备布上。

（2）预留一定的作缝量清剪袖子，并运用组装针法将袖筒部分别合，如图7-75

所示。

（3）如图7-76所示，在袖片落山线参考线以上画一"U"型曲线，并预留约2cm的作缝量沿"U"型曲线剪掉一部分布料。

（4）将袖子的腋下点与大身的腋下点重合并固定，将腋下点附近的"U"型曲线与大身处的袖窿曲线重合，在腋下点固定

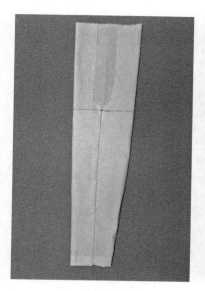

图7-75　袖筒部分

图7-76　落山线以上清剪"U"型曲线

位置，左右各再固定一针，如图7-77所示。

（5）将手臂从袖子中穿出，如图7-78所示；将袖子的"U"型曲线与大身的袖窿曲线重合并别合，边别合边塑造箱型袖造型，如图7-79～图7-85所示，别合箱型袖袖窿、袖山缝合线和箱型造型线时，应适当别住一些吃量以保证面料的平整，

否则会产生很多的丝缕。

（6）用标记笔做出箱型袖的所有标记点，卸下袖子，拓制纸样并修正板型，然后将袖子完成板反拓回袖片上，预留作缝量清剪袖子多余的面料，如图7-86～图7-89所示，将袖子箱式造型部分组装完毕后别合在大身上。

图7-77　固定腋下

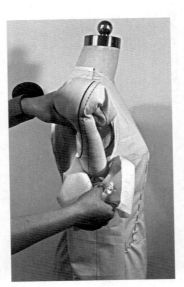

图7-78　穿袖子

图7-79　袖子前面造型

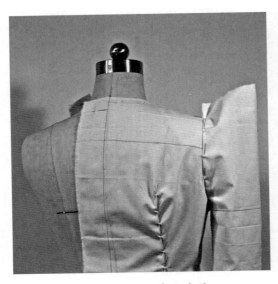

图7-80　袖子背面造型

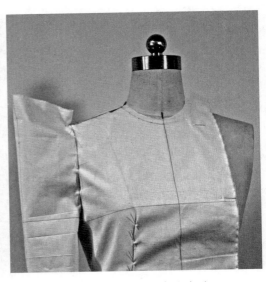

图7-81　袖山头前面造型

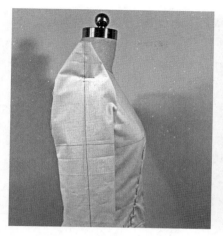

图7-82　袖山头侧面造型

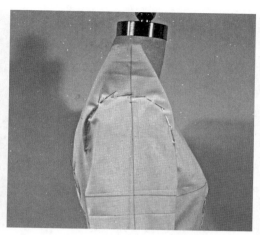

图7-83　固定袖山头侧面造型

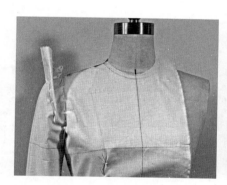

图7-84　袖子正面造型

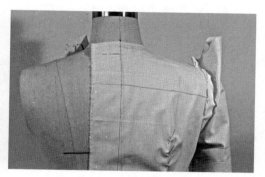

图7-85　袖子背面造型

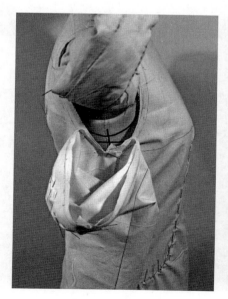

图7-86　固定腋下

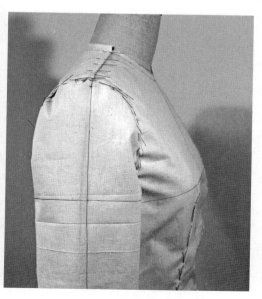

图7-87　袖子侧面组装造型

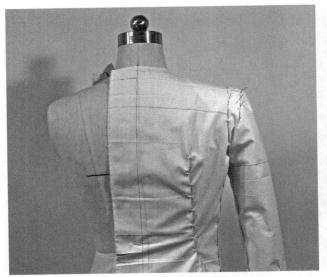

图7-88 袖子背面组装造型

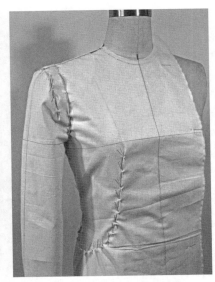

图7-89 袖子正面组装造型

六、双层立领的制作

首先，将领备布如图7-90所示剪掉一小块面料后将领备布上的参考线与大身的前中心线贴合并固定，参考剪出的曲线将领别合在大身的领围线上，在别合过程中要特别注意立领领型的立体塑造和领与颈部空间的预留，从各个方向观察立领都应满足人体颈部的静态形态和动态要求，如图7-91所示。其次，根据效果图估算立领的高度，翻折立领，设定立领外边缘线，如图7-92所示。接着，将后中心线处多余的面料剪掉，用标记带黏贴出后中心线处的立领翻折面形状，如图7-93所示。然后用标记笔做出领子的所有标记点，卸下领子，拓制纸样并修正板型。最后将领子完成板反拓回领片上，预留1cm作缝量清剪领子的多余面料，如图7-94和图7-95所示将领子组装在大身上。

至此，此款连体式连衣裙的组装全部完成，组装结果如图7-96所示。

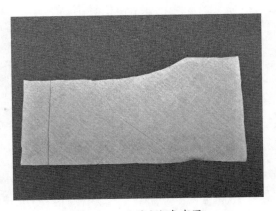

图7-90 双层立领备布图

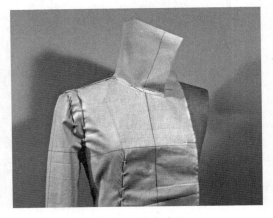

图7-91 立体造型

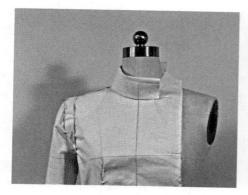

图7-92　设计翻折量

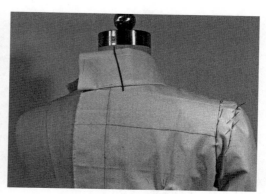

图7-93　设计领子背面造型

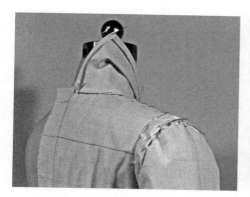

图7-94　领子背面造型

图7-95　领子完成造型

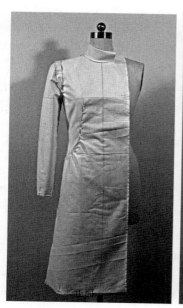

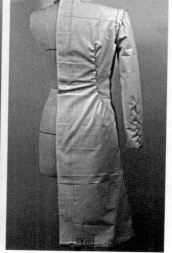

图7-96　连体式连衣裙组装完成图

本章练习

1. 利用半截裙立体裁剪规律及方法，完成三款半截裙的设计与制作。

2. 运用立体裁剪方法完成以下两款连身裙的制作。

练习图1

练习图2

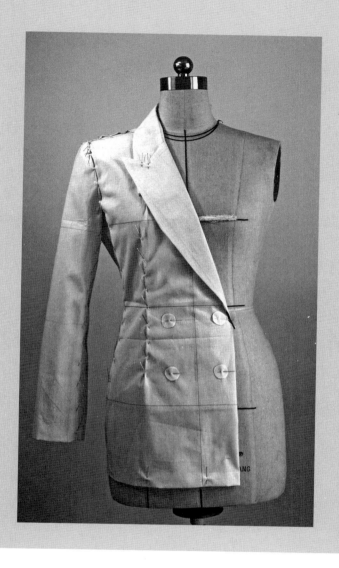

主要知识点

- 西装上衣余量的设计
- 两片式、三片式、四片式西装上衣结构线位置、比例的设计
- 双排扣前襟、单排扣前襟的设计及其下摆线的变化
- 平驳头、戗驳头、青果领、原型立领领型的立体裁剪原理与方法
- 肩头前倾、有方向感的两片西装袖、插肩袖的立裁方法

女套装主要包括女西装上衣和筒裙（或西裤）两个部分，其中的西装上衣是套装立体裁剪学习的重点和难点，本章将对几款典型的西装上衣的立体裁剪进行深入的实践讲解，下裙部分的立体裁剪操作可参见本书第七章。

西装上衣的立体裁剪是立体裁剪中的一个重要实践环节，也是一个较特殊的实践环节。西装上衣结构的复杂性和严谨性加深了其立体裁剪的难度，而其款式的模式化又给人以无法发挥立体裁剪易于进行创新性设计优势的误解。事实上，西装上衣立体裁剪不但为系统地锻炼立体裁剪技法提供了难得的机会，而且我们可以通过西装上衣的立体裁剪深入了解西装结构及其与人体的立体关系，为西装上衣款式、结构的设计创新提供丰厚的基础，可以说立体裁剪是西装上衣设计创新的捷径。

第一节　两片式西装上衣设计及立裁方法

一、款式分析

如图8-1所示，两片式西装上衣的款式、结构具有以下特点：

（1）较合体的两片式西装上衣，毛料材质，春秋装余量设计。

（2）双排扣，每一竖排都为两粒扣，

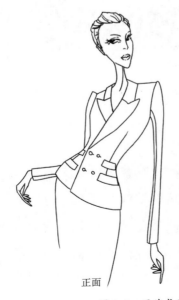

正面　　　　　　背面

图8-1　两片式西装上衣款式图

第一粒扣处于腰围线以下约2cm处。

（3）竖排、双兜盖设计。

（4）腰围线处收腰处理。

（5）前大片三个省，第一个胸腰省截止于第二个兜盖上沿；第二个腰省处于体侧，发起于袖窿，截止于第二个兜盖内；第三个省暗藏于领口处；后小片无省，其与前大片的缝合线构成一个省量较大的腰省，前后片缝合线起始于袖窿，截止于下摆。

（6）戗驳头西装领，领面较大。

（7）肩头前倾、有方向感的两片西装袖。

（8）下配裙装，穿于筒裙之外。

二、坯布准备

根据以上分析和人台的具体尺寸准备坯布并熨烫整理，见附录一（附录图1-14）。

三、操作步骤

根据此款西装上衣的效果图进行立体裁剪实践，步骤如下：

（1）根据效果图可知，此款西装上衣配有中等厚度的垫肩。取标准垫肩一枚，将垫肩直线型的一边修剪成内凹1cm的弧形，因为人的手臂向前活动的机会和幅度比向后的大，所以将垫肩如图8-2所示固定在人台的肩头，将背宽设定为42cm，重新黏贴肩线和袖窿线。

（2）根据效果图显示，可将此款双排扣西装上衣的水平两粒扣之间的距离设计为10cm，即两粒扣距前中心线均为5cm，垂直两粒扣之间的距离为8cm，扣子的直径为3cm，所以在前片上距前中心线7cm的位置画出门襟参考线，然后将前片上的三围线参考与人台上的对应线重合，前中心线参考线与人台的前中心线平行，两线之间距离0.5cm，即面料厚度和前中心余量的预留量，固定前片前颈点、前中心线与腰围线和下摆的交点及胸点和胸点余量，如图8-3所示。

（3）在保证前胸部的布丝方向水平垂直的前提下修剪领口线，领口线位置不

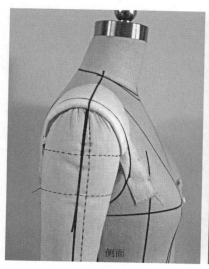
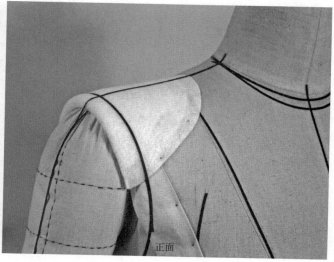

图8-2　重新黏贴肩线和袖窿线

要打剪口；固定侧颈点；将胸点至侧缝线之间的胸围线参考线与人台上的胸围线重合，多余的面料推移至领口，此时胸围线参考线以上的胸部余量一部分存在于垫肩中，另一部分将在步骤（9）中变为一个领口省；在袖窿位置留出适当的余量，塑造服装胸围线以上的立体结构面并固定，理顺肩部面料，确定肩点和侧颈点位置并固定，如图8-4所示。

（4）留出较大的作缝量清剪袖窿和肩线，在袖窿处打剪口以利于面料在手臂处的服帖，如图8-5所示。

（5）剪直径3cm的扣子四枚，固定于前襟适当位置，将臀围线参考线与人台的臀围线重合并在人台的前侧面固定，如图8-6所示。

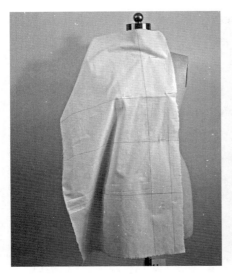

图8-3 固定前片

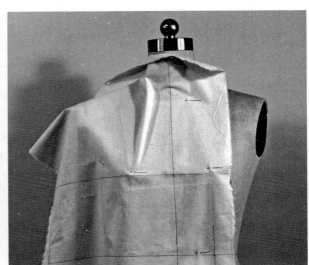

图8-4 设计领口省

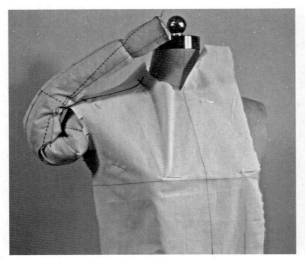

图8-5 清剪袖窿和肩线

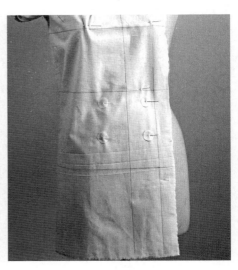

图8-6 设计扣位

（6）在胸点以下稍偏向于侧缝处设计第一个腰省的位置和大小，并用大头针固定出省的三个关键点，如图8-7所示，然后用大头针首尾相连别出省的完整形状，如图8-8所示。完成此步骤时要特别注意省的截止点位置应符合效果图要求，而省的大小也不应设计得过大，因为西装外套的松量较大且本款上装的前片是通过两个腰省塑形的。另外，为了体现更挺拔的着装效果，也可以把服装的腰围线设定在人体实际腰围线以上1cm处。

（7）重复步骤（6）的实践原理，别出第二个腰省，根据人体的空间结构特点，此省的省量建议比第一个省的省量设计得大一些，如图8-9所示。

（8）此时，前片前中心线到侧缝之间的胸围线和臀围线上应含有一定的余量，计算服装胸围和臀围应具备的余量，不足的余量在侧缝线上补出；在侧缝线处将不足的胸、臀围余量别出来，如图8-10所示。

图8-7　设计腰省位置

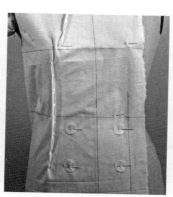

图8-8　完整形状

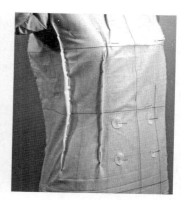

图8-9　设计第二个省

整体

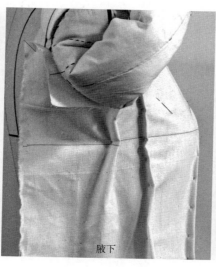

腋下

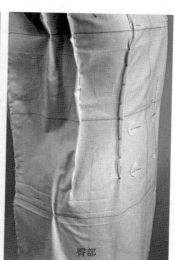

臀部

图8-10　侧缝线上补余量

（9）将步骤（3）产生的领口多余面料理顺，别成一个领口省，如图8-11所示。此领口省约在领口线1/3处，因为省通过人体的锁骨区域，所以别省形时注意面料与锁骨之间应具备一定的空间余量。

（10）用标记带将人台上的肩线复制黏贴于服装的前片上，如图8-12所示。

（11）将后片上的各条参考线与人台上的对应线重合并固定，后中心线做内收1cm的收腰处理，固定肩胛骨及其余量，如图8-13所示。

（12）修剪领口线，固定侧颈点和肩点，用标记带复制黏贴肩线，此时领口线应具有一定的余量，上领子时作为领口的

吃势，肩线上也应包含一定量的吃势，如图8-14所示。

（13）留出较大的作缝量清剪后片袖窿，在臀围线上设计一定的余量并暂时用大头针别住，沿腰围线打一剪口使腰部面料内凹，塑造后片的立体造型并固定。此时应特别注意袖窿和背宽处的余量处理，用标记带设计黏贴出前、后片缝合线的位置和形状，如图8-15所示。完成此步骤时应注意腰围线上的剪口不应剪过前、后片缝合线。

（14）留出较大的作缝，清剪后片腰围线以上的前、后片缝合线，将前片腰围线以下的部分平滑地推移至人台后侧，与

图8-11　固定领口省

图8-12　复制人台肩线

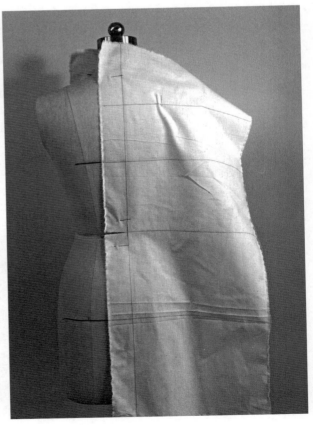

图8-13　固定后片

后片合并在一起并沿后片上的缝合线别合，如图8-16所示。

（15）理顺前片腋下腰围线以上的面料，在保证服装后部立体造型和余量的前提下运用盖叠法将前片沿后片上的设计缝合线别合，如图8-17所示。

（16）运用盖叠法别合肩线，用标记带黏贴出西装领翻折线位置和翻领部分的形状，如图8-18所示；然后把翻领部分翻到另一侧，用标记线黏贴大身上的领口线，如图8-19所示。建议将后领高设计为

3cm。

（17）用标记带设计黏贴下摆。前片有较大的重叠量，且面料较厚重，所以应比后片略长一些，可将前片长度设定为比后片长1cm，在黏贴下摆线时，前中心线到第一个腰省应保持与地面水平，然后渐渐地上抬至侧缝，从侧缝线到后片的后中心线要保持与地面水平，如图8-20所示。

（18）根据效果图要求将兜盖布固定于西装大身的合适位置，用标记带黏贴出

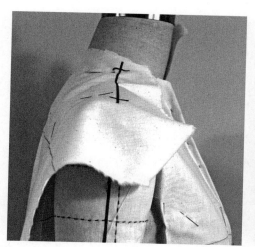

图8-14　复制黏贴肩线

图8-15　设计断缝线

图8-16　与后片重合

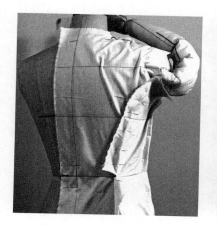

图8-17　与设计缝合线别合

图8-18　设计西装领造型

图8-19　锁领口线

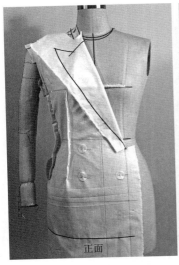

图8-20　设计下摆

兜盖的形状，标记出兜盖的安装位置，为了使兜盖平整挺括，可以在兜盖的缝合线上设计一定的吃势。

（19）将所有固定余量的大头针拔出，整理服装各个部分，观察服装的款式、结构及余量的设计是否符合效果图要求；如不符合，进行适当的调整。

四、拓板、修板

拓制板型、修板并把修好的板型重新拓制在白坯布上，此款西装上衣的完成板见附录二（附录图2-14）。

五、坯布组装

西装上衣大身坯布的组装，如图8-21所示。西装上衣大身组装时的作缝为：（后片）领口线1cm，肩线1.5cm，袖窿线3cm，

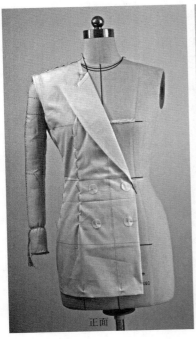

图8-21　大身坯布组装

下摆3cm，侧缝1.2cm；（前片）领口线1cm，肩线1.5cm，袖窿线3cm，侧缝1.2cm。

六、西装袖立体裁剪

西装袖的立体裁剪与短袖的立体裁剪原理和方法相同，首先通过大身的纸样和平面制袖规律在纸上绘制西装两片袖的板型并将板型拓制在袖片上，留出适当作缝量清剪袖片并组装袖片，利用短袖立体裁剪上袖原理将组装好的西装袖上在大身上；然后做标记、拆袖子、拓板、修板，将完成板反拓回袖片和大身上；最后将袖子再次组装并上在大身袖窿处，如图8-22所示。

七、制作西装翻领企领部分

西装翻领的企领部分的制作，立体裁剪原理及方法详见第五章第三节。

至此，此款两片式西装上衣的组装全部完成，组装效果如图8-23所示。

图8-22 袖子造型

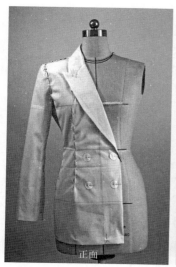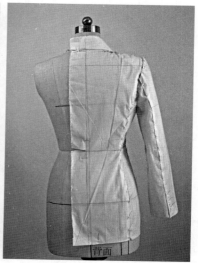

图8-23 两片式西装上衣组装完成图

第二节　三片式西装上衣设计及立裁方法

一、款式分析

如图8-24所示为三片式西装上衣的款式、结构分析：

（1）较贴体的三片式西装上衣，薄型面料。

（2）单排扣，扣位在前中心线靠左侧——本质上是双排扣结构，四粒扣，扣子与绳袢搭配，止口线与前中心线的交点处于上胸围略向上位置。

（3）服装腰围线略高于人体实际腰围线位置，腰围处收腰处理。

（4）前片含有一个胸腰省，此省起始于胸点以下，截止于下摆线；前片和腋下片、后片和腋下片的缝合线处暗含两个塑造胸腰臀立体造型的腰省。

（5）简易青果领设计。

（6）肩头前倾、有方向感的两片西装袖。

（7）突出臀围的丰满观感。

（8）下配裤装。

正面　　　　　　　背面

图8-24　三片式西装上衣款式图

二、坯布准备

根据以上分析和人台的具体尺寸准备坯布并熨烫整理，见附录一（附录图1-15）。

三、操作步骤

根据此款西装上衣的效果图进行立体裁剪实践，步骤如下：

（1）根据效果图可知，此款西装上衣肩部线条柔和，内侧不衬垫肩，可将背宽设定为40cm，用标记带在人台上黏贴前片与腋下片、后片与腋下片的缝合线设计线。

（2）根据效果图显示，可将此款西装上衣的搭门量设定为3cm，在前片上距前中心线3cm的位置画出门襟参考线，然后将前片上的三围线参考线与人台上的对应线重合，前中心线参考线与人台的前中心线平行，两线之间距离0.3cm。面料厚度和前中心余量的预留量，固定前中心线与领围线、腰围线和下摆的交点及胸点和胸点余量，在保证胸点附近的布丝方向水平垂直的前提下修剪领口线；固定侧颈点；理顺肩部面料并固定肩点，如图8-25所示。

（3）虽然本款西装上衣不衬垫肩，但鉴于款式要求和舒适性考虑，可在肩点处设定0.5cm的余量，侧颈点沿肩线开大0.5cm，用标记带黏贴出余量设计点和新的肩线，如图8-26所示。

（4）在袖窿位置留出适当的余量，塑造服装胸围线以上的立体结构面并固定，留出较大的作缝量清剪袖窿和肩线，在袖窿处打剪口以利于面料在手臂处的服帖，如图8-27所示。

（5）将前片袖窿处的面料抚平，沿人台的立体结构推至腋下，并使面料自然下垂，此时胸腰差余量都被推至下摆处，在人台前侧面胸、腰、臀位置固定面料，在人台腰围线以上1cm的位置做出收腰效果，此位置为服装的腰围线位置，如图8-28所示。

（6）将步骤（5）操作过程中胸点至下摆处出现的面料余量设计成前片的胸腰省，用大头针将此省别出，省的起始位置设定在胸点以下、距胸点约2cm的位置，截止于下摆线，最大收腰位置设定在步骤（5）中确定的服装新腰围线及人台腰围线以上1cm围度线上，如图8-29所示。

（7）将人台上的前片与腋下片的缝合线设计线复制黏贴在面料上，预留较大的作缝量并清剪掉多余的面料，如图8-30所示。

图8-25　固定前片

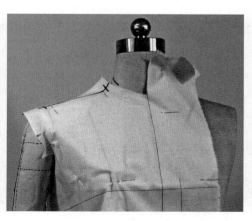

图8-26　设计余量和新肩线

图8-27　清剪袖窿和肩线

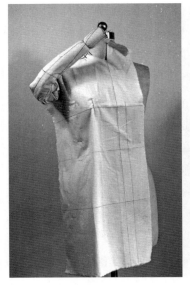

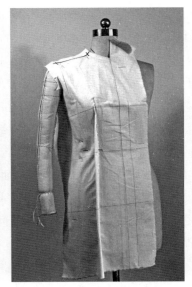

图8-28　设计收腰效果　　　　图8-29　确定腰省位置　　　　图8-30　复制缝合线

（8）将胸腰省的最大省量位置和缝合线设计线的收腰位置用标记带黏贴出来，如图8-31所示。

（9）将后片上的各条参考线与人台上的对应线重合并固定，后中心线做内收1cm的收腰处理，注意此时的收腰位置应是人台腰围线以上1cm处。固定肩胛骨及其余量，如图8-32所示。

（10）修剪领口线，固定侧颈点和肩点，肩点处放出0.5cm的余量，用标记带黏贴新肩线，将后片新肩线和前片新肩线运用盖叠法连接，此时的肩线上应包含一定量的吃势，如图8-33所示。

（11）在人台后面和后侧面过渡区域的臀围线上用大头针别住2～3cm余量，沿腰围线打一剪口使腰部面料内凹，塑造后片的立体造型并固定。此时应特别注意袖窿和背宽处的余量处理，用标记带设计黏贴出后片与腋下片缝合线的位置和形状，如图8-34所示。完成此步骤时应注意腰围线

上的剪口不应剪过后片与腋下片的缝合线。

（12）预留较大的作缝量清剪腰围线以上的缝合线，如图8-35所示。

（13）在腋下片上侧缝线参考线与胸围线参考线、臀围线参考线两交点的位置用大头针各别住约2cm的余量，然后将腋下片上的各条参考线与人台上的对应线重合并固定，如图8-36所示。

（14）在保证服装前部的立体造型和余量的前提下运用盖叠法将腋下片腰围线以上部分沿前片上的设计缝合线别合，如图8-37所示。为了便于别合，可以在腰围线处和侧缝线顶端打剪口，但一定要注意不要剪得过深，以致剪过缝合线和腋下点，造成无法弥补的过失。

（15）腋下片与后片别合的原理与前片相同，参照步骤（14）完成腋下片与后片的连接，如图8-38所示。将后中心线和缝合线设计线的收腰位置用标记带黏贴出来，如图8-39所示。

图8-31　标记收腰位置

图8-32　固定后片

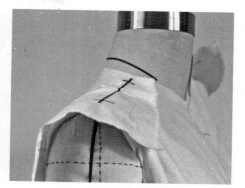
图8-33　连接前后小肩

图8-34　设计缝合线

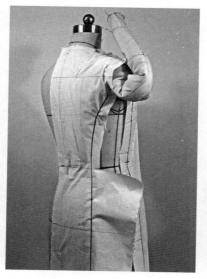
图8-35　清剪部分作缝量

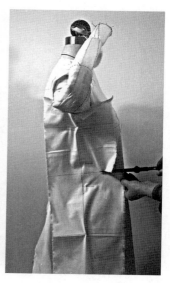
图8-36　腋下片与人台固定

（16）用坯布剪四个直径2cm的圆作为扣子固定在前门襟上。由于是扣子和绳襻的配合，所以应将扣子固定在步骤（2）所画的门襟辅助线上，用标记带黏贴下摆线和止口圆角，如图8-40所示。

（17）用标记带黏贴出青果领大身的领口线、翻折线位置和（领底）翻领部分的形状，如图8-41~图8-43所示。

（18）将所有固定余量的大头针拔出，整理服装各个部分，观察服装的款式、结

图8-37　别合前侧片

图8-38　别合后、侧片

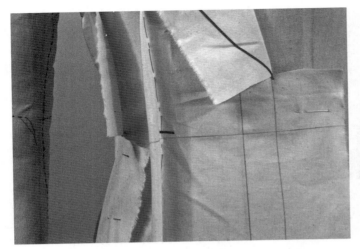

图8-39 标记收腰位置

图8-41 设计翻折线

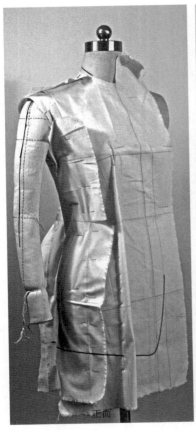

正面　　　　　背面

图8-40 设计下摆线

图8-42 设计领口线

图8-43 设计领面造型

构及余量的设计是否符合效果图设计；如不符合，进行适当的调整。

四、拓板、修板

拓制板型、修板并把修好的板型重新拓制在白坯布上，此款西装上衣的完成板见附录二（附录图2-15）。

五、坯布组装

西装上衣大身坯布的组装，此步骤的制作原理与本章第一节相同。

六、西装袖制作

此步骤的制作原理与本章第一节相同。

七、西装青果领企领部分的立体裁剪

此步骤的制作原理与本章第一节相同。

至此，此款三片式西装上衣的组装全部完成，组装效果如图8-44所示。

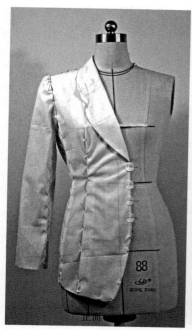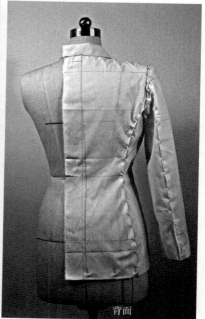

图8-44　三片式西装上衣组装完成图

第三节　四片式西装上衣设计及立裁方法

一、款式分析

如图8-45所示为四片式西装上衣的款式、结构分析特点如下：

（1）较合体的四片式西装上衣，中等厚度的毛料材质，余量设定应较少于第一节的两片式西装上衣。

正面

背面

图8-45　四片式西装上衣款式图

（2）单排扣，两粒扣，止口线与前中心线的交点处于胸围线略向上位置。

（3）单兜盖设计。

（4）刀背缝处理。

（5）平驳头西装领。

（6）肩头前倾、有方向感的两片西装袖。

（7）下配裙装，穿于筒裙之外。

二、坯布准备

根据以上分析和人台的具体尺寸准备坯布并熨烫整理，见附录一（附录图1-16）。

三、操作步骤

根据此款四片式西装上衣的效果图进行立体裁剪实践，步骤如下：

（1）根据效果图可知，此款西装上衣配有一对较薄的垫肩。取薄型垫肩一枚，参照第一节两片式西装上衣的垫肩制作、安装

方法固定垫肩于人台肩部，将背宽设定为41cm，重新黏贴肩线和袖窿线，并将刀背缝设计线黏贴于人台上，如图8-46所示。

（2）根据效果图显示，可将此款单排扣西装上衣的搭门量设计为2.5cm，扣子的直径为2.5cm，所以在前片上距前中心

正面

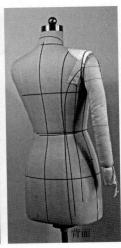

背面

图8-46　设计刀背缝线

线2.5cm的位置画出门襟参考线，然后将前片上的三围线参考线与人台上的对应线重合，前中心线参考线与人台的前中心线平行，两线之间距离0.5cm，即面料厚度和前中心余量的预留量，固定前中心线与领围线、腰围线和下摆的交点及胸点和胸点余量，如图8-47所示。

（3）在保证胸点附近的布丝方向水平垂直的前提下修剪领口线；固定侧颈点；理顺肩部面料并固定肩点，在袖窿位置留出适当的余量，塑造服装胸围线以上的立体结构面并固定，如图8-48所示。

（4）将腰围线和臀围线参考线与人台

上的对应线重合并在人台的前侧面固定，用标记带黏贴出刀背缝的位置和形状，如图8-49所示。

（5）用标记带复制黏贴肩线，留出较大的作缝量清剪刀背缝、袖窿和肩线，如图8-50所示。

（6）在前侧片的臀围线参考线和垂直辅助线的交点处别出一定的余量后，将前侧片上的三围参考线和垂直辅助线与人台上的相应线重合并固定，如图8-51所示。

（7）在前片上的腰围线处打水平剪口，如图8-52所示，将前片和前侧片腰围线参考线以下的部分捏合在一起，沿刀背

 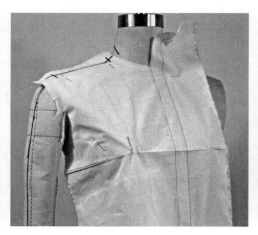 

图8-47　固定前中　　　　图8-48　塑造胸围线立体造型　　　　图8-49　复制刀背缝线

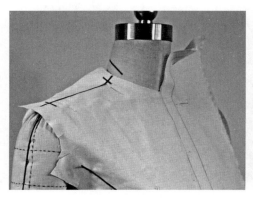 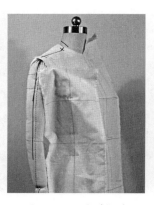 

图8-50　复制黏贴肩线　　　图8-51　固定前侧片　　图8-52　捏合前、侧片

缝别合，别合时应在别合线上留出一定的余量，如图8-53所示。

（8）将前侧片腰围线参考线以上的部分利用盖叠法沿刀背缝别合，在别合的过程中要注意余量的设计和立体结构的塑造，如图8-54所示。

（9）此时，前片和前侧片前中心线到侧缝之间的胸围线和臀围线上应含有一定的余量，计算服装胸围和臀围应具备的余量，不足的余量在侧缝线上补出，并用标记带黏贴出余量设计及新的侧缝线，如图8-55所示。

（10）清剪袖窿，清剪时留出较大的作缝量。

（11）将后片上的各条参考线与人台上的对应线重合并固定，后中心线做内收1cm的收腰处理，固定肩胛骨及其余量，修剪领口线，固定侧颈点和肩点，用标记带复制黏贴肩线，此时肩线应包含一定的吃势，接着在刀背缝设计线处塑造出服装的立体结构并固定，如图8-56所示，然后将刀背缝线用标记带黏贴在后片上，如图8-57所示。

（12）留出较大的作缝量清剪刀背缝，参照前侧片的制作原理进行后侧片立体裁剪的操作，结果如图8-58所示。

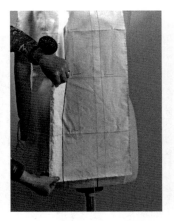

图8-53　沿刀背缝别合

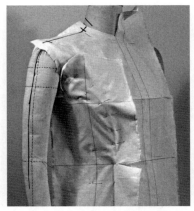

图8-54　盖叠法沿刀背缝别合

图8-55　黏贴新侧缝线

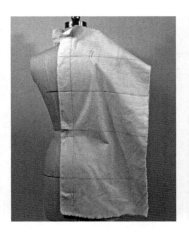

图8-56　固定后片

图8-57　黏贴刀背缝线

图8-58　侧面立体裁剪

（13）留出较大的作缝量清剪后片上的袖窿。此时，后片和后侧片上后中心线到侧缝之间的胸围线和臀围线上应含有一定的余量，计算服装胸围和臀围应具备的余量，不足的余量在侧缝线上补出。用标记带黏贴出余量设计，然后将前侧片和后侧片捏合，沿新侧缝线别住，如图8-59所示。

（14）运用盖叠法别合肩线，将吃量

的别合区间位置用大头针明确别出来，如图8-60所示。

（15）剪直径2.5cm的扣子两枚，固定于前襟适当位置，用标记带黏贴出西装领翻折线位置、翻领部分的形状和大身的领口线，如图8-61、图8-62所示。

（16）用标记带设计黏贴下摆。前片有较大的重叠量，且面料较厚重，所以应比后片略长一些，如图8-63所示。

图8-59 前侧片和后
侧片捏合

图8-60 盖叠法别合肩线

图8-61 西装领翻折线位置

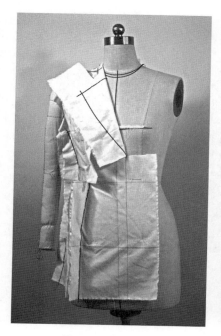

图8-62 翻领形状

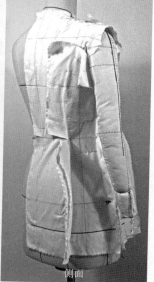

图8-63 设计下摆

（17）将所有固定余量的大头针拔出，整理服装各个部分，观察服装的款式、结构及余量的设计是否符合效果图设计；如不符合，进行适当的调整。

（18）根据效果图要求将兜盖布固定于西装大身的合适位置，用标记带黏贴出兜盖的形状，标记出兜盖的安装位置，为了使兜盖平整挺括，可以在兜盖的缝合线上设计一定的吃势。

四、拓板、修板

拓制板型、修板并把修好的板型重新拓制在白坯布上，此款西装上衣的完成板见附录二（附录图2-16）。

五、坯布组装

西装上衣大身坯布的组装，此步骤的制作原理与本章第一节相同。

六、西装袖的制作

此步骤的制作原理与本章第一节相同。

七、西装翻领企领部分立体裁剪

西装翻领企领部分的立体裁剪，此步骤的制作原理与本章第一节相同。

至此，此款四片式西装上衣的组装全部完成，组装效果如图8-64所示。

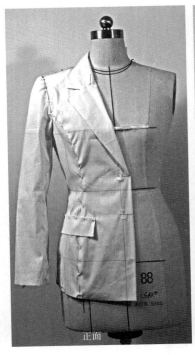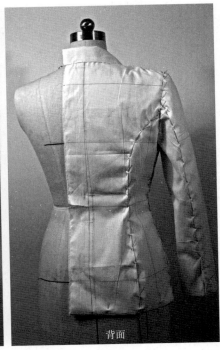

正面　　　　　　　　侧面　　　　　　　　背面

图8-64　四片式西装上衣组装完成图

第四节 插肩袖上衣设计及立裁方法

一、款式分析

如图8-65所示为插肩袖上衣的款式、结构分析，其特点如下：

（1）较合体的插肩袖，袖口到肘部有一省。

（2）原身立领，领口略内收。

（3）四片式，前身为刀型前片和较小的前侧片，两片的缝合线直通至袖子和侧缝，后片为刀背缝。

（4）腰围线处有收腰处理。

（5）带兜盖的兜，位于前片和前侧片的缝合线上。

（6）前门襟五粒扣，止口为圆角。

（7）下配裙装，穿于筒裙之外。

（8）较合体的春秋装外衣余量设计，薄型面料，材质较挺括。

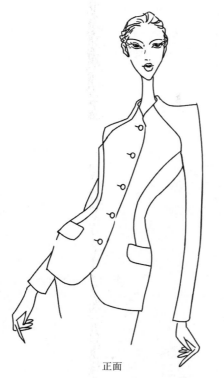

正面　　　　　　　背面

图8-65　插肩袖上衣款式图

二、坯布准备

根据以上分析和人台的具体尺寸准备坯布并熨烫整理，见附录一（附录图1-17）。

三、操作步骤

根据此款插肩袖上衣的效果图进行立体裁剪实践，步骤如下：

（1）根据效果图可知，此款插肩袖上衣应配有龟背垫肩。将一枚龟背垫肩固定在人台的肩头，重新黏贴肩线和袖窿线，黏贴袖窿线时新肩点比人台肩点外移1cm，即上衣的肩线比人台肩线长1cm，然后用标记带黏贴出服装的结构线，不要忽略领子部分的结构线，如图8-66所示。

（2）根据效果图显示，将此款插肩袖上衣的搭门量设定为3cm，扣子的直径为3cm，所以在前片上距前中心线3cm的位置画出门襟参考线，然后将前片上的三围线参考线与人台上的对应线重合，前中心线参考线与人台的前中心线平行，两线之间距离0.3cm，此为面料厚度和前中心搭门余量的预留量。固定前中心线与领围线和臀围线的交点以及胸点和胸点余量，然后参照人台上的结构设计线在前片与袖子缝合线附近固定，如图8-67所示。为了便于固定领口部位，可以在前中心线顶端打一剪口，但切记不要剪得过深，要为原身立领留出制作的量。

（3）在前片结构设计线下端用大头针别出一个小省，然后预留较大的作缝量沿设计线清剪多余的面料，如图8-68所示。

（4）抚平臀围线处的面料，在臀围线上放出一定的松量，并且做出一定的（兜设计线以下）摆量后，在臀围线与侧缝线的交点处固定，修正口袋破缝线的标记线位置，为了更好地体现服装的造型，在破缝线上设计合适的吃势并将吃势均匀地黏贴固定在标记线中间区域，如图8-69所示。

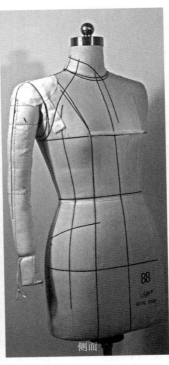
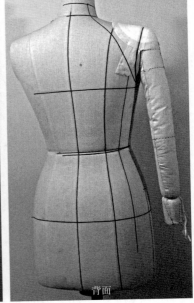

正面　　　　　　　　　　侧面　　　　　　　　　　背面

图8-66　设计服装结构线

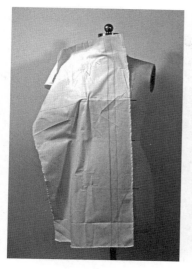
图8-67 固定前片

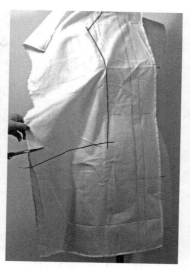
图8-68 复制设计线

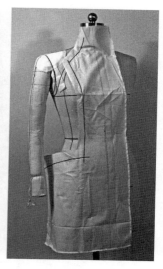
图8-69 清剪缝头

（5）将前侧片上的垂直辅助线和胸围线参考线与人台上的对应线重合，并适当固定，根据效果图要求，前侧片在腰围线处要做收腰处理，然后适当剪去一些袖窿多余面料。

（6）在袖窿线上留出所需余量，塑造出服装正、侧面及其过渡的立体造型，将前侧片搭在前片上，并在设计线的上半段附近固定，此时的前片和前侧片的胸围线参考线应该在设计线处连接起来，如图8-70所示。

（7）在前侧片的胸围线参考线上预留一定的余量，用盖叠法将前侧片和前片沿设计线连接固定，如图8-71、图8-72所示，固定时要注意手法和针法；进一步清剪袖窿，用标记带将前侧片上的插肩袖设计线复制黏贴下来，即腋下点到袖子与前片衔接的位置，在黏贴的过程中务必保证线条的自然顺畅；计算服装大身前半部分的余量，如有不足从侧缝线上补出，最后用标记带黏贴侧缝线和胸围、腰围、臀围的交点及破缝线设

计线上的收腰位置，用标记带将新侧缝线顺畅地黏贴出来，如图8-73所示。

（8）将后片上的各条参考线与人台上的对应线重合并固定，后中心线做内收1cm的收腰处理，固定肩胛骨及其余量，将面料推平，固定领口线、胸围线、腰围线、臀围线与破缝线的交点位置，用标记带复制黏贴破缝线及腰线位置，预留较大的作缝量清剪破缝线处多余的面料，如图8-74所示。

（9）与前侧片的立裁原理相同，制作后侧片，并黏贴标记带，如图8-75～图8-78所示。制作后侧片时应注意余量的设定和制作手法。

（10）将前片、前侧片和后片、后侧片沿坯布上的新侧缝线对应重合，用大头针沿新侧缝线将衣片别住，如图8-79所示。注意要将前片和前侧片的交线与新侧缝线的交点用"十"字标记线标出，同样，后片与后侧片的交线与新侧缝线的交点也用"十"字标记线标出。

图 8-70　固定前侧片

图 8-71　盖叠法针法

图 8-72　断缝处效果

图 8-73　新侧缝线

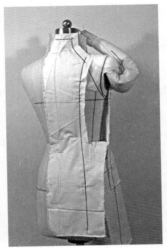

图 8-74　后片效果

图 8-75　制作后侧片

图 8-76　腋下造型

图 8-77　设定对位点

图 8-78　固定后、侧片

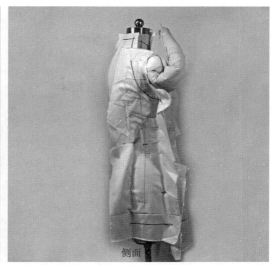

图8-79　新侧缝线对应重合

（11）用白坯布剪五个圆扣，并固定于前襟合适的位置，用标记带黏贴出完整的领型和下摆线。

（12）根据效果图要求将兜盖布固定于大身的合适位置，用标记带黏贴出兜盖的形状，标记出兜盖的安装位置，为了使兜盖平整、挺括，可以在兜盖的缝合线上设计一定的吃势。

四、拓板、修板

拓制板型、修板并把修好的板型重新拓制在白坯布上，此款插肩袖上衣的完成板见附录二（附录图2-17）。

五、坯布组装

插肩袖上衣大身坯布的组装，如图8-80所示。

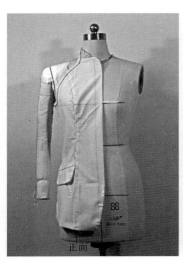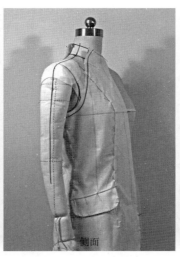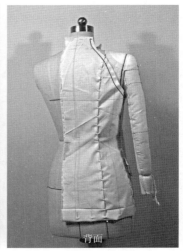

图8-80　插肩袖上衣大身坯布组装完成图

六、插肩袖制作

此款插肩袖的立体裁剪原理和方法与第六章第五节的箱型袖相同，参照箱型袖的制作方法完成本款插肩袖。

至此，此款插肩袖上衣的组装全部完成，组装结果如图8-81所示。

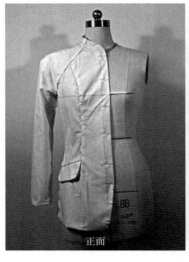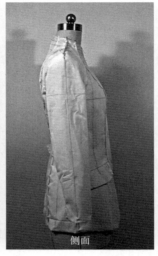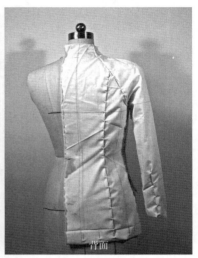

正面　　　　　　　　　侧面　　　　　　　　　背面

图8-81　插肩袖上衣组装完成图

本章练习

1. 运用立体裁剪方法完成以下三款套装上衣的制作。

2. 利用插肩袖上衣立体裁剪规律及方法，完成一款四片式插肩袖扁领大衣的设计与制作。

练习图1

练习图2

练习图3

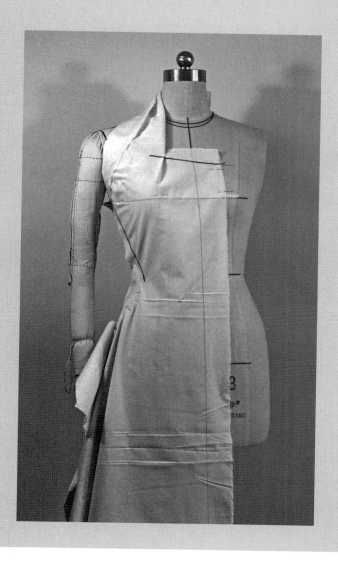

第九章

礼服结构设计及立裁方法

主要知识点

- 礼服结构的分析及处理
- 面料特性在礼服中的运用
- 富于创意的、丰富的曲线分割
- 胸省、腰省等的特殊处理

第一节　露背式插肩袖礼服设计及立裁方法

一、款式分析

如图9-1所示为露背式插肩袖礼服的款式、结构分析，其特点如下：

（1）露背、无领、连体式长裙，上身合体，下身摆幅很大。

（2）选用有一定弹性和垂感的面料。

（3）较合体的插肩袖。

（4）前中心线、后中心线无破缝，后身背部和腰部有菱形、三角形两个裸露肌肤的视窗设计，两个视窗的衔接点在后腰中线上。

（5）胸部上方设有一从袖窿出发、斜指向胸点的胸省，下体侧设有一从破缝线出发、斜指向臀围的腰省。

正面　　　　　　　　背面

图9-1　露背式插肩袖礼服款式图

二、坯布准备

根据以上分析和人台的具体尺寸准备坯布并熨烫整理，见附录一（附录图1-18）。

三、操作步骤

根据此款露背式插肩袖礼服的效果图进行立体裁剪实践，步骤如下：

（1）根据效果图将款式分割设计线用标记带黏贴于人台之上，如图9-2所示。

（2）将前片上的胸围线、前中心线辅助线与人台上的对应线重合，固定前颈点、两胸点及臀围线围度区域，接着将前片胸围线与人台胸围线重合至侧缝并固定，随着人体的曲面理顺胸围线以上面料，将多余的面料捏成一个斜指向胸点的胸省。别合这个胸省，省底的别合位置要保证在人台上的款式设计线之外，如图9-3所示。

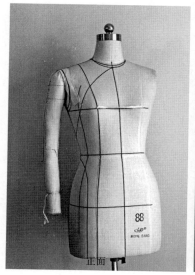 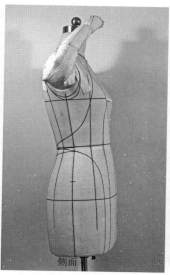 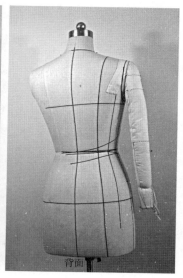

图9-2　设计款式分割线

（3）用标记带复制黏贴人台上的分割设计线，预留较大的作缝量沿分割设计线剪掉多余的面料，如图9-4所示。

（4）适当调整前片腰部从人体前部过渡到后部的面料位置及松紧度，并固定，如图9-5所示。

 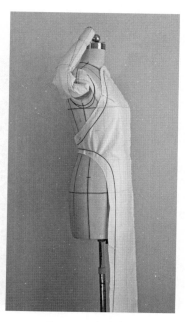

图9-3　前片造型　　　　　图9-4　清剪作缝

131

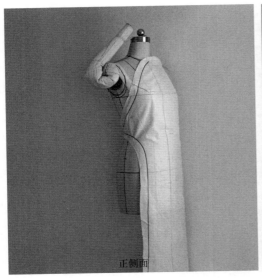
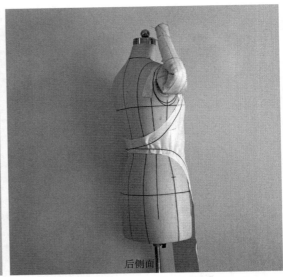

正侧面　　　　　　　　　　　　　　后侧面

图9-5　调整松紧度

（5）将后片上的腰围线、后中心线辅助线与人台上的对应线重合，固定后中心线与腰围线的交点区域及臀围线以下区域，如图9-6所示。

（6）将人台后面腰部分割设计线附近的面料理平顺，后片上的腰围线辅助线沿人台从后中心线至侧缝缓缓下滑，做出效果图所示的下摆摆量，在分割设计线沿线固定，越过侧缝线后，将多余面料捏制成一个斜指向臀围的省并固定，如图9-7所示。

（7）用标记带复制黏贴人台上的分割设计线，利用盖叠法别合前片和后片的缝合线，预留较大的作缝量并清剪多余的面料，如图9-8所示。

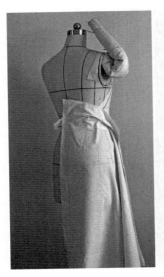
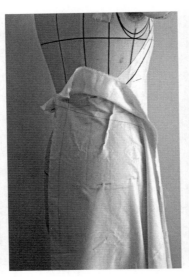

图9-6　固定后片　　　　　　图9-7　设计臀省　　　　　　图9-8　复制人台分割线

（8）根据效果图所示反复微调礼服的廓型，直至达到与效果图吻合、具有形式美感的结果为止，如图9-9所示。

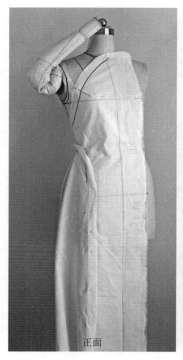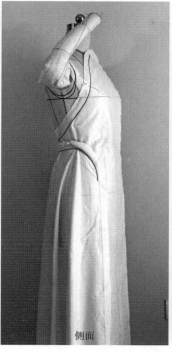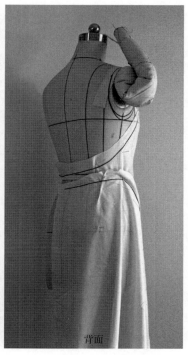

正面　　　　　　　　　侧面　　　　　　　　　背面

图9-9　礼服造型图

四、拓板、修板

拓制板型、修板并把修好的板型重新拓制在白坯布上，此款露背式插肩袖礼服的完成板见附录二（附录图2-18）。

五、坯布组装

露背式插肩袖礼服大身坯布的组装，其组装原理及步骤与第七章裙装的立体裁剪相同。

六、插肩袖制作

（1）将袖备布如图9-10所示披在人台手臂上，备布上的垂直参考线与肩线、手臂上半段的标记线重合，备布上的水平参考线距肩点14~15cm。将手臂略牵起，把备布肩线部位沿垂直参考线捏褶一部分，观察袖子和手臂的关系，确定捏褶量和袖山高。

（2）将捏褶量别住，把袖片搭在人台肩部，使别合线与肩线重合，如图9-11所示。

（3）理顺从肩线到前片与袖片缝合设计线之间的面料，用盖叠法沿设计缝合设计线将袖子与前片连接固定，如图9-12所示。

（4）理顺从肩线到后片设计线之间的面料，用大头针沿设计线上侧固定，预留适当的作缝清剪面料，因为腋下点位于袖备布的水平参考线上，所以不要剪过袖备布上的水平参考线，如图9-13所示。

（5）预留适当的作缝沿前片上的设计线清剪面料，注意不要剪过袖备布上的水平参考线。

（6）将袖备布围绕手臂一周后在腋下汇合，并用大头针缝合袖筒，同时反复调整袖型和袖肥，直至达到满意的造型和很好的机能性。

（7）用标记笔做好袖子标记，拆下袖片、拓板、修板，将最终的板型线反拓回袖片上。

（8）组装袖筒，将袖筒上在大身上。

至此，此款露背式插肩袖礼服的组装全部完成，组装效果如图9-14所示。

图9-10　侧面袖子造型

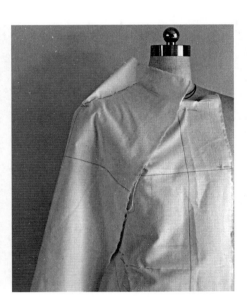

图9-11　肩部造型

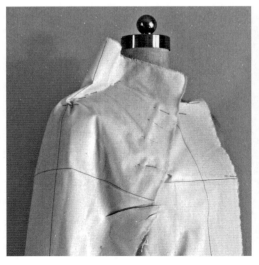

图9-12　固定袖子和前片

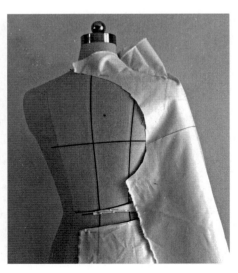

图9-13　袖子背后造型

正面　　　　　　　　侧面　　　　　　　　背面

图 9-14　露背式插肩袖礼服组装完成图

第二节　连体领礼服结构设计及立裁方法

一、款式分析

如图 9-15 所示为连体领礼服的款式、

结构分析，其特点如下：

（1）露背、连体式长裙，上身合体，

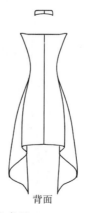

正面　　　　　　　　背面

图 9-15　连体领礼服款式图

下身摆幅很大。

（2）连体领设计，包含两个胸省。

（3）腰侧部有菱形腰片处理。

（4）前中心线无破缝、后中心线破缝，后中心线拉链设计。

二、坯布准备

根据以上分析和人台的具体尺寸准备坯布并熨烫整理，见附录一（附录图1-19）。

三、操作步骤

根据此款连体领礼服的款式图进行立体裁剪实践，步骤如下：

（1）根据款式图将腰部菱形腰片的形状用标记带黏贴于人台之上，如图9-16所示。

（2）将菱形腰片的备布放置在人台上，腰片上的纵向参考线与人台的侧缝线重合，将腰片面料尽量抚平并用大头针固定，在菱形腰片上用标记带复制黏贴人台上的设计线，如图9-17所示。

（3）取下腰片，将标记带撕去的同时将其所在的位置用铅笔描画出来，预留1cm作缝量沿设计线剪掉多余的面料后，如图9-18所示；将腰片再固定于人台相应位置，并将标记带黏回到原来菱形位置，如图9-19所示。

（4）将前片上的前中心线、胸围线、腰围线各条辅助线与人台上的对应线一一重合，固定前中心线与胸围、腰围、臀围的交点和两胸点，如图9-20所示。

（5）整理胸部胸围线以上的面料，根据效果图用标记带黏贴领口线，并预留较大作缝量剪开领口线，如图9-21所示，但要注意剪开长度应小于黏贴的领口线长度。

（6）将前片上的胸围线参考线与人台上的胸围线重合至侧缝，在袖窿处预留一

图9-16　设计腰部菱形

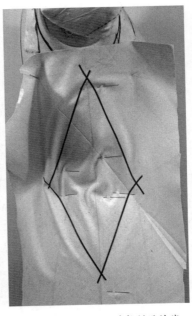

图9-17　固定侧面并复制设计线

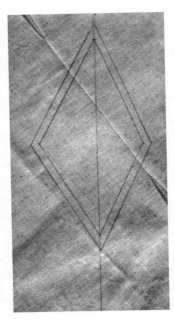

图9-18　修正菱形造型

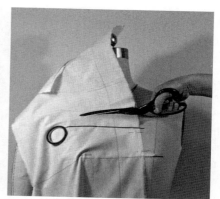

图9-19　菱形片固　　　图9-20　固定前片　　　图9-21　剪开领口线
　　　　　定腰部

定的松量（根据具体造型确定量）塑造立体面并固定，如图9-22所示。

（7）在领口线转折处捏制一个活褶并固定，在步骤（6）塑造的立体转折面附近再捏制一个省并固定，活褶和省都是指

向胸点的，如图9-23所示。理顺侧缝处胸围、腰围之间的面料，在前片上用标记带贴出菱形腰省的一条边，并预留一定的作缝量剪开，如图9-24所示。

（8）将面料下斜，在菱形转角处做出

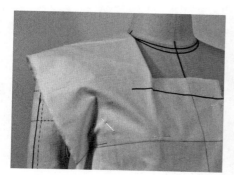

图9-22　侧面预留松量

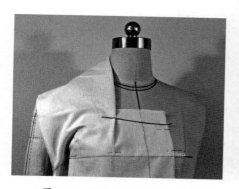

图9-23　领口转折处捏制活褶　　　图9-24　前片菱形腰省的贴线

第一个褶并固定，如图9-25、图9-26所示。

（9）预留较大作缝沿菱形腰片的边将面料剪开，继续将面料下斜，在第一个褶和侧缝之间做出并固定，如图9-27所示。

图9-25　设计第一个褶

图9-26　剪口

图9-27　设计第二个褶

图9-28　盖叠法固定菱形设计线

图9-29　制作领子

（10）预留较大的作缝量沿菱形的另一条边将面料剪口，将面料下斜，在侧缝处做出第三个褶并固定，然后利用盖叠法沿这两条菱形边将前片与腰片连接固定，如图9-28所示。

（11）预留一定的作缝量，清剪领部多余的面料，塑造领型并固定，最后将领子的形状用标记带黏贴出来，如图9-29、图9-30所示。

（12）将后片上的后中心线、腰围线参考线与人台上的对应线重合并固定，如图9-31所示。

（13）将后片胸、腰间的面料尽量整理平顺并适当固定，预留较大作缝量沿菱形腰片的一边剪开，用盖叠法将后片与腰片的这一条边连接固定，如图9-32所示。

（14）运用前片制作三个褶的原理制作后片的三个褶并固定，然后利用盖叠法将后片与腰片沿腰片的最后一条未别合的边连接别合，最后将前、后片的第三

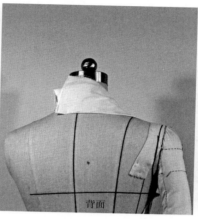
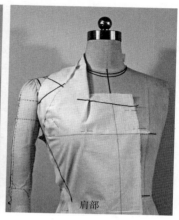

侧面　　　　背面　　　　肩部

图9-30　领子造型图

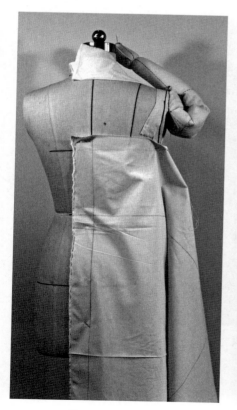

图9-31　固定后片

侧面　　　　背面

图9-32　盖叠法固定菱形设计线

个褶在侧缝处合并理顺，将前、后片沿侧缝线别合，如图9-33所示。

四、拓板、修板

拓制板型、修板并把修好的板型重新拓制在白坯布上，此款连体领礼服的完成板见附录二（附录图2-19）。

五、坯布组装

将连体领礼服的所有衣片进行组装。组装效果如图9-34所示。

图9-33　侧面造型

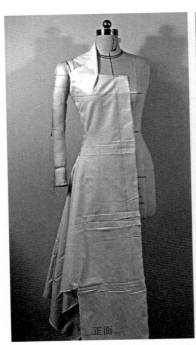

正面　　　　侧面　　　　背面

图9-34　连体领礼服组装完成图

参考文献

[1] 小池千枝. 文化服装讲座. 8,立体裁剪篇 [M]. 白树敏,王凤岐,译. 北京:中国轻工业出版社,2000.

[2] 克劳福德. 美国经典立体裁剪 [M]. 张玲,译. 北京:中国纺织出版社,2003.

附录一 备布图

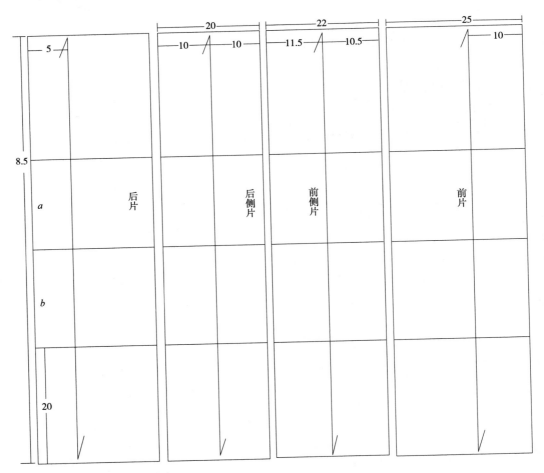

注：线段a，b按实际人台量取尺寸

附录图1-1 紧身原型备布图

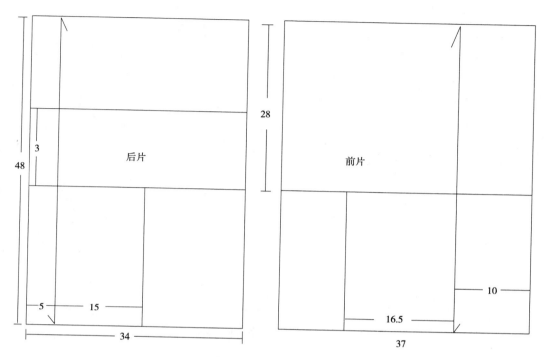

附录图1-2 原型上衣备布图

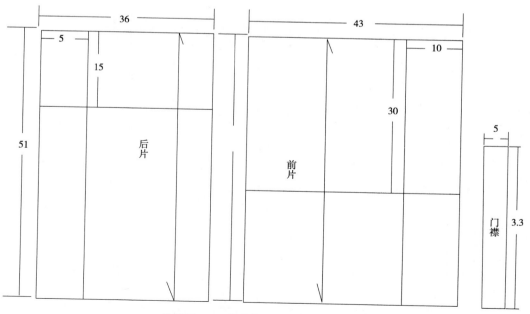

附录图1-3 原型省——碎褶转换备布图

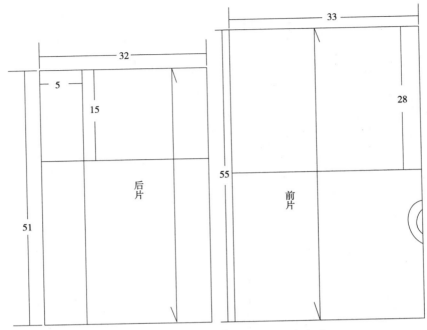

附录图1-4　原型省——活褶转换省备布图

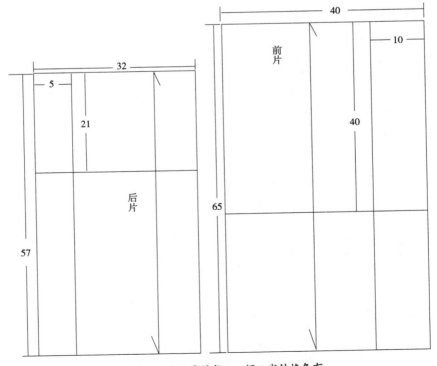

附录图1-5　原型省——领口省转换备布

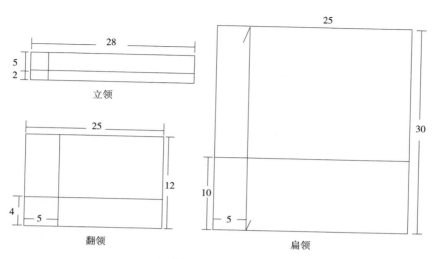

附录图1-6　领子备布图

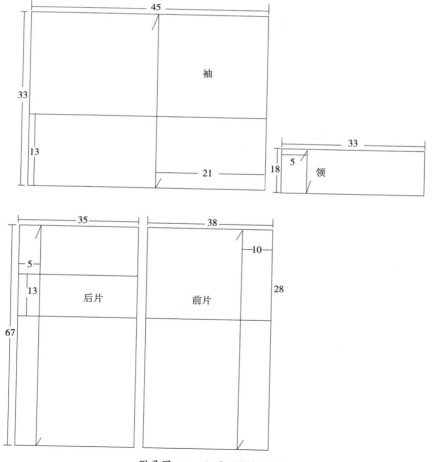

附录图1-7　经典衬衫备布图

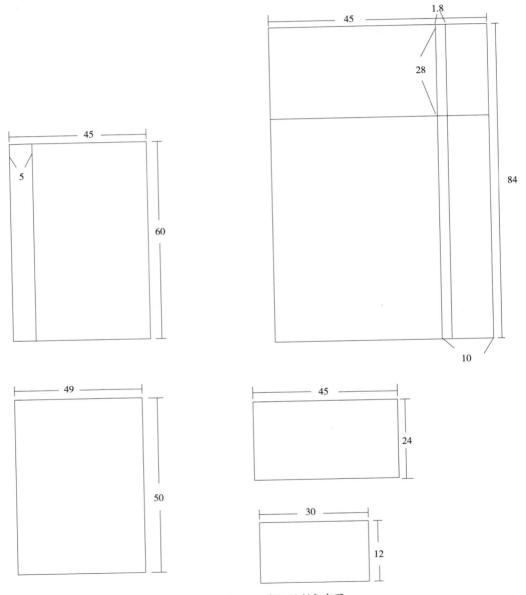

附录图 1-8　宽松衬衫备布图

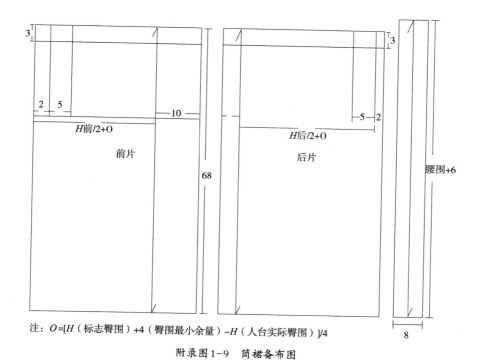

注：O=[H（标志臀围）+4（臀围最小余量）−H（人台实际臀围）]/4

附录图1-9 筒裙备布图

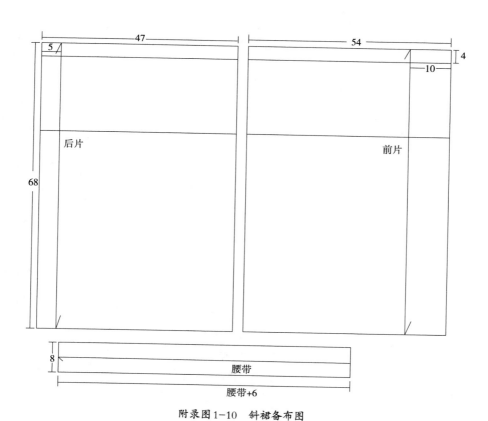

附录图1-10 斜裙备布图

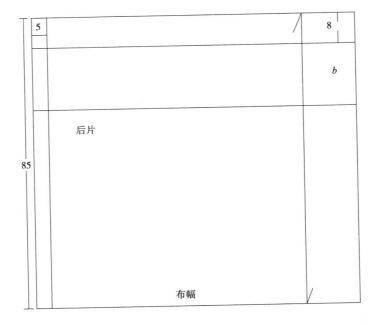

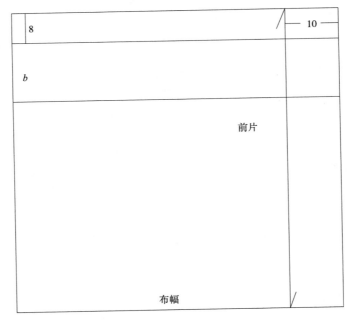

附录图 1-11　摆裙备布图

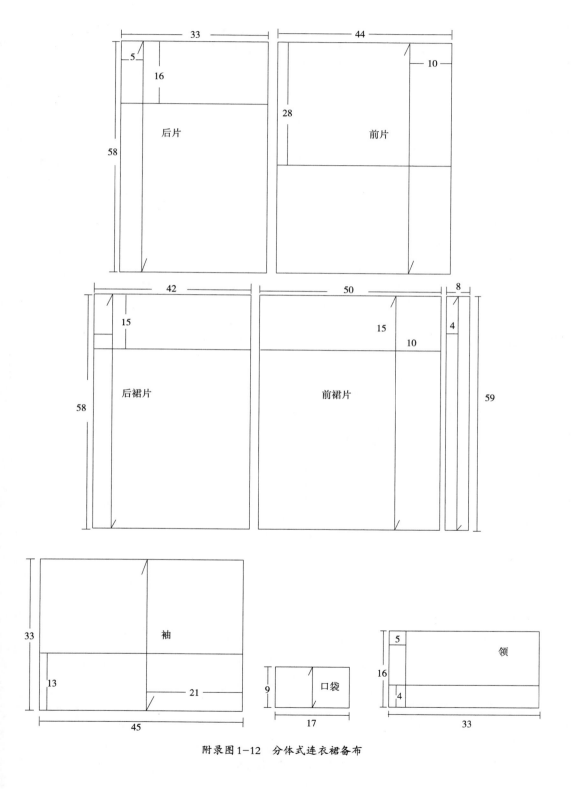

附录图1-12 分体式连衣裙备布

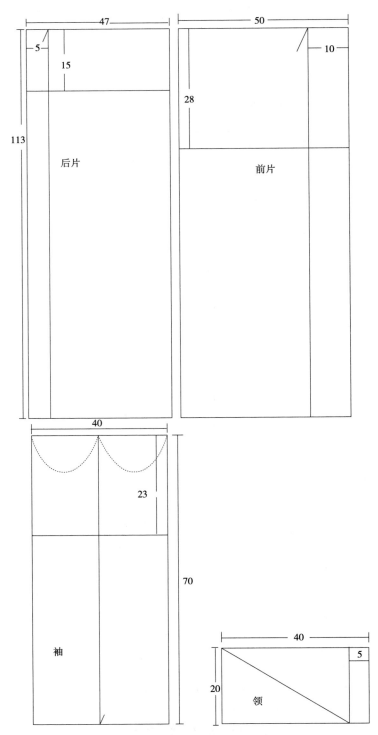

附录图1-13　连体式连衣裙备布

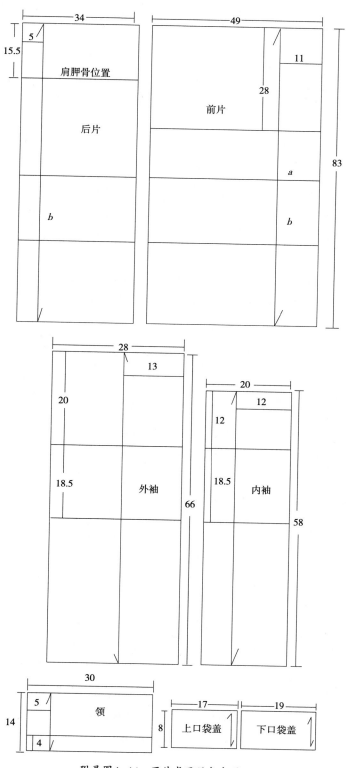

附录图1-14　两片式西服备布图

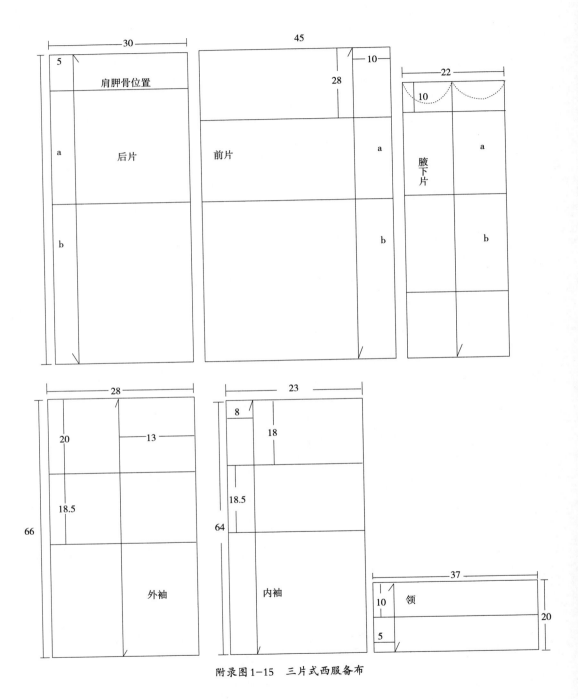

附录图1-15 三片式西服备布

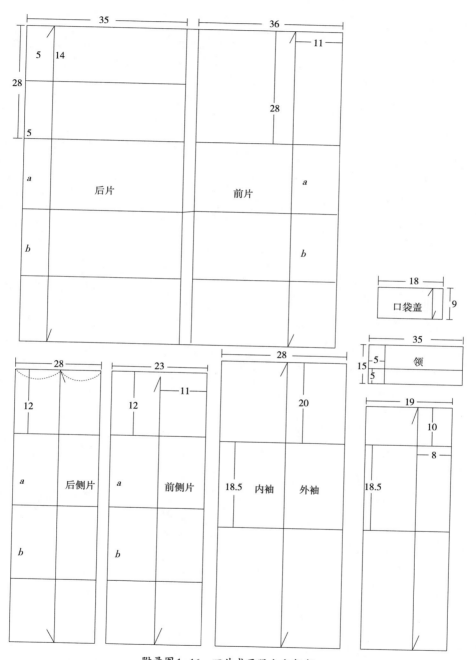

附录图1-16 四片式西服上衣备布

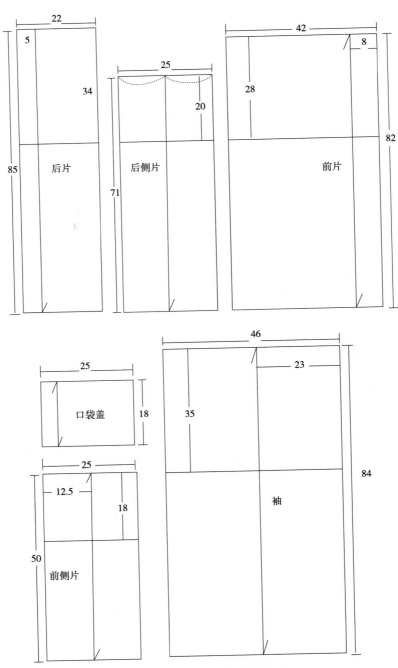

附录图 1-17　插肩袖上衣备布

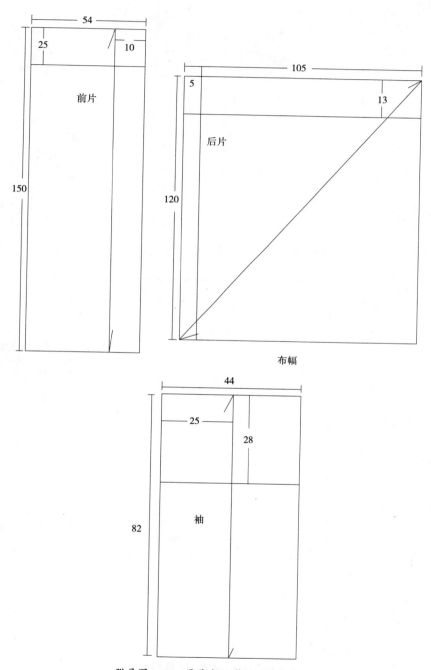

附录图 1-18　露背式插肩袖礼服备布

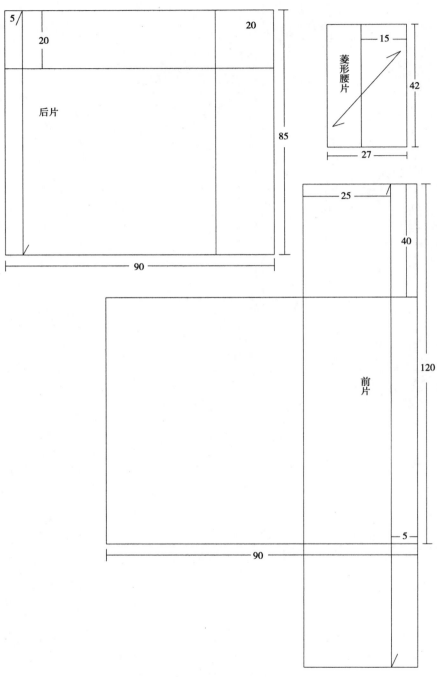

附录图 1-19　连体领礼服备布图

附录二 完成板

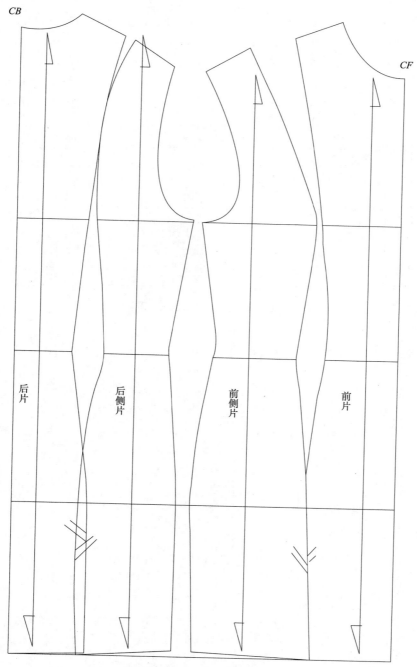

CB

CF

后片

后侧片

前侧片

前片

附录图 2-1 紧身原型完成图

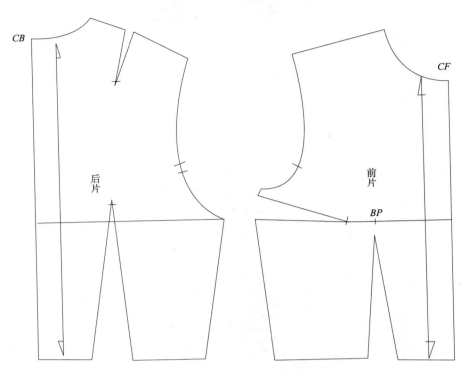

CB 后片 前片 CF BP

附录图2-2　原型上衣完成图

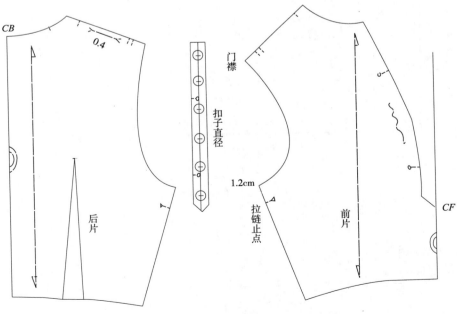

CB 0.4 后片 门襟 扣子直径 1.2cm 拉链止点 前片 CF

附录图2-3　原型省——碎褶的转换完成图

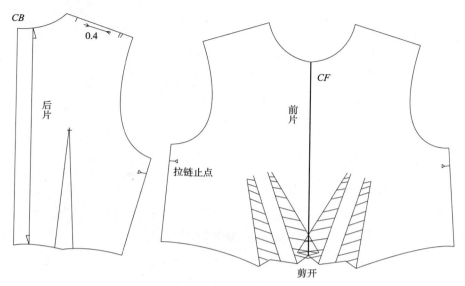

附录图2-4 原型省—活褶的转换完成图

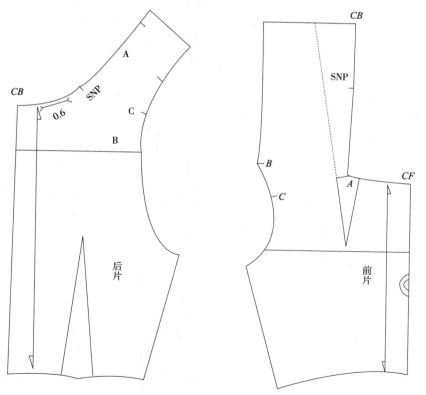

附录图2-5 原型省——领口省的转换完成图

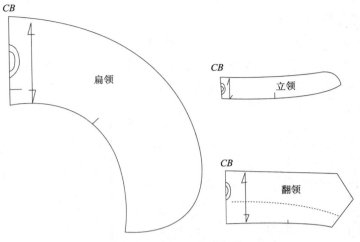

附录图2-6　领子完成图

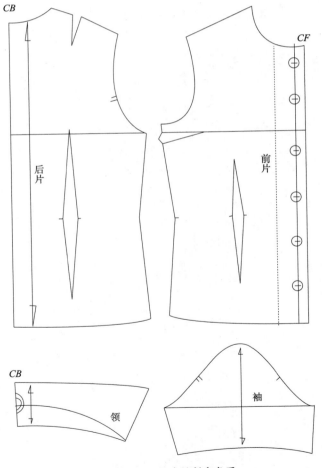

附录图2-7　经典衬衫完成图

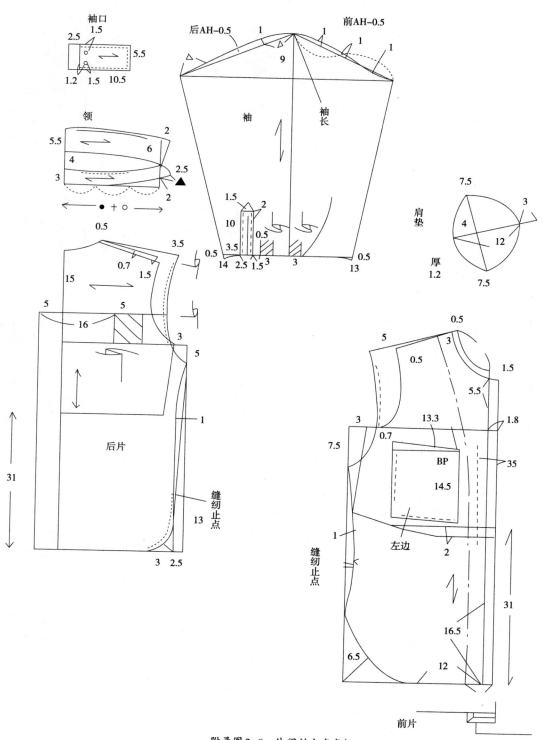

附录图 2-8 休闲衬衣完成板

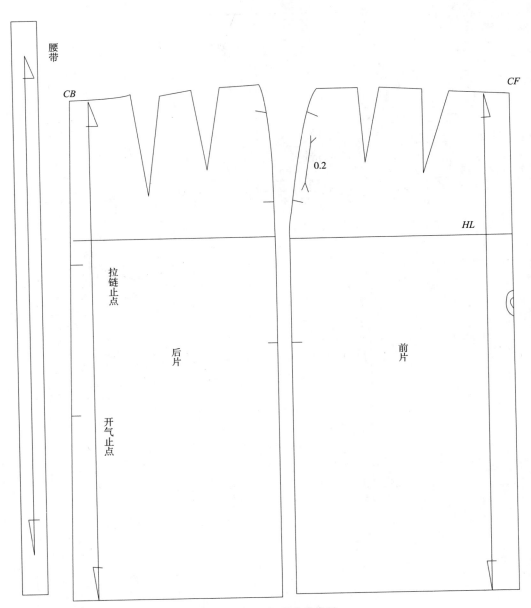

附录图2-9　筒裙完成图

腰带

CB

CF

0.2

HL

拉链止点

开气止点

后片

前片

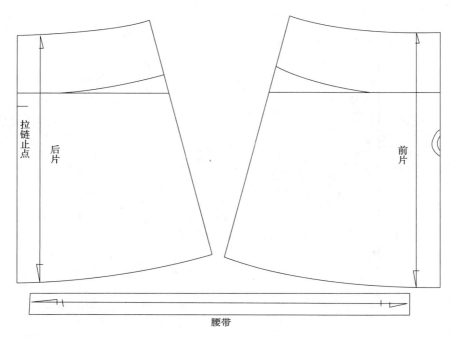

附录图2-10 斜裙完成板

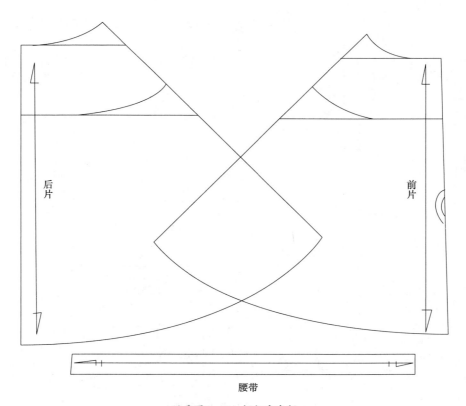

附录图2-11 摆裙完成板

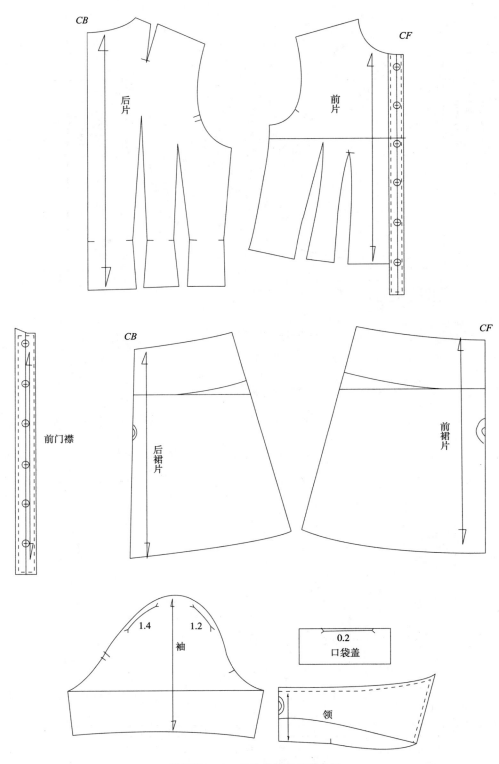

附录图2-12　分体式连衣裙完成板

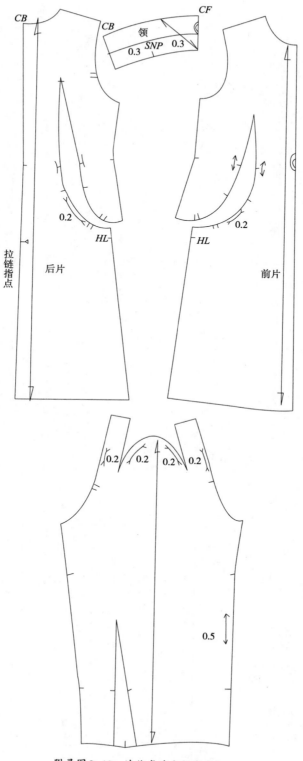

附录图 2-13 连体式连衣裙完成板

165

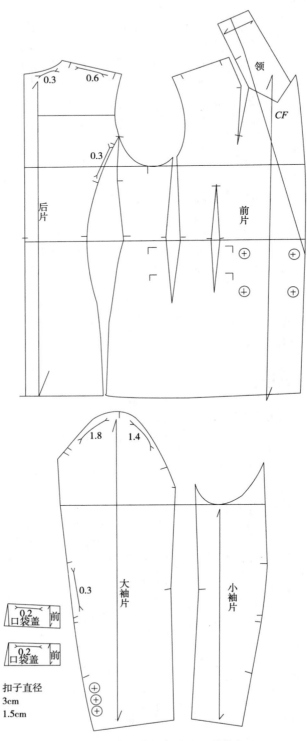

附录图2-14 两片式西服上衣完成板

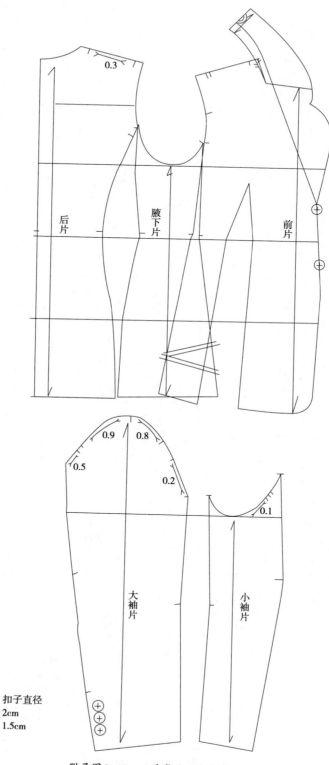

附录图2-15　三片式西服上衣完成板

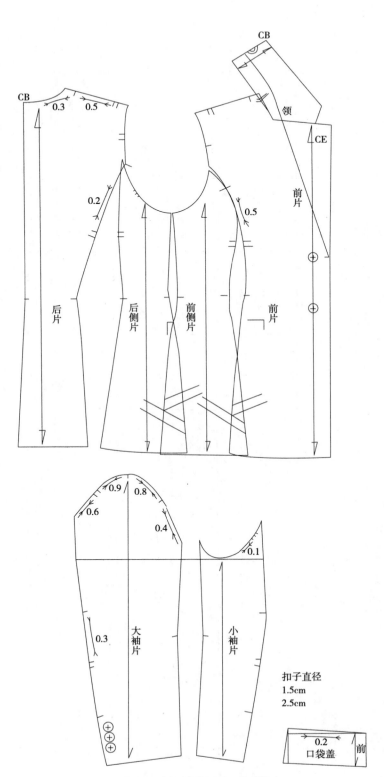

附录图2-16 四片式西服上衣完成板

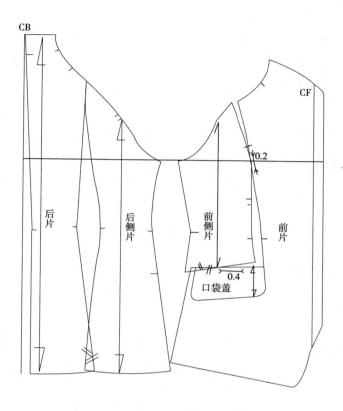

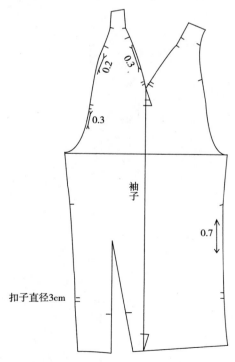

附录图2-17 插肩袖上衣完成板

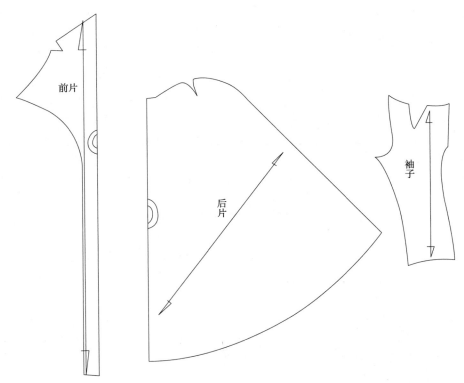

附录图2-18 露背式插肩袖礼服完成板

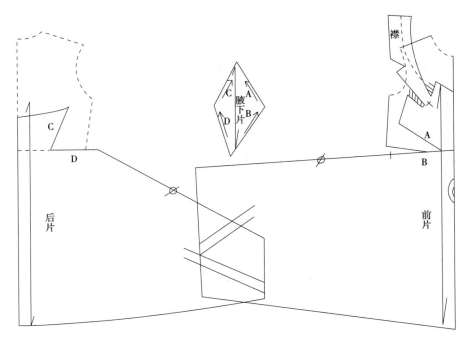

附录图2-19 连体领礼服完成板